葡萄生产精细化
气象服务手册

陈　杰　主编

北方联合出版传媒（集团）股份有限公司
辽宁科学技术出版社
沈　阳

主　编：陈　杰
副主编：陈　涛　杨　明
编　委：崔修来　于　楠　张运芝　吴　彤　王　莹　贺　鑫
　　　　张秀艳　刘婧婧　宋文锦
编　审：王奉安

图书在版编目（CIP）数据

葡萄生产精细化气象服务手册 / 陈杰主编 . -- 沈阳：辽宁科学技术出版社，2025. 6. -- ISBN 978-7-5591-4272-6

Ⅰ . S663.1-62；S165-62

中国国家版本馆 CIP 数据核字第 2025DQ2269 号

出版发行：辽宁科学技术出版社
（地址：沈阳市和平区十一纬路25号　邮编：110003）
印 刷 者：辽宁鼎籍数码科技有限公司
经 销 者：各地新华书店
幅面尺寸：145 mm × 210 mm
印　　张：2.75
字　　数：65 千字
出版时间：2025 年 6 月第 1 版
印刷时间：2025 年 6 月第 1 次印刷
责任编辑：陈广鹏
封面设计：义　航
版式设计：义　航
责任校对：栗　勇

书　　号：ISBN 978-7-5591-4272-6
定　　价：18.00元

联系电话：024-23284526
邮购热线：024-23284502
http://www.lnkj.com.cn

前言

本书以营口市为例，介绍了葡萄生产精细化农业气象服务的方法。葡萄产业是营口市农业经济的重要组成部分，其健康发展对促进农民增收、推动乡村振兴具有重要意义。营口市地处辽东半岛，气候温和、光照充足、降水适宜，得天独厚的自然条件为葡萄种植提供了良好基础。葡萄生长对气象条件高度敏感，霜冻、暴雨、干旱等极端天气事件以及关键物候期的温湿度变化，都可能对葡萄产量与品质造成影响。为此，营口经济技术开发区气象局开展了多项课题研究，并联合农业部门、科研院所、鲅鱼圈葡萄科技小院及葡萄种植龙头企业等，依托气象大数据、物联网监测、智能分析技术，针对本地葡萄主栽品种的生长特性，系统梳理关键气象指标，研发精细化气象服务模型，编制了《葡萄生产精细化气象服务手册》。本书可为农业气象服务人员、农业从业者、技术推广人员等提供科学、实用、可操作的农业气象服务指南，助力葡萄产业实现从“靠天吃饭”到“知天而作”的转变。

本书包括五章。主要介绍了营口市地理、气候和农业发展概况，农业气象灾害定义与分级标准，葡萄主要病害发生条件及防治方法，葡萄农业气象服务技术，主要物候期农业气象服务指标和服务产品，以及气象服务效益评估等内容。为方便查阅参考，本书附录部分还给出了本地近 30 年的气温和降水要素平均值及极值。

本书在编写过程中得到了营口市气象局和营口经济技术开发区气象局领导的大力支持，承蒙中国气象局沈阳大气环境研究所米娜、武晋雯两位研究员的指导和帮助，在此深表感谢。

陈　杰

2025 年 3 月 1 日

目 录

第一章 引言

第一节 自然地理概况

营口市位于辽宁省中南部，地处辽东半岛中枢、渤海东岸、大辽河入海口处。西临渤海辽东湾，与锦州、葫芦岛隔海相望；北与大洼、海城为邻；东与岫岩、庄河接壤；南与瓦房店、金普新区相连。营口市城区距沈阳市 166 km，距大连市 204 km，距鞍山市 84 km，距盘锦市 70 km。地理坐标为东经 121° 56′ 44″ ~ 123° 02′ 00″，北纬 39° 55′ 12″ ~ 40° 56′ 00″。市域总面积 5427 km^2，下辖盖州市、大石桥市和鲅鱼圈区、站前区、西市区、老边区，有 38 个乡镇，644 个村委会；27 个街道办事处，190 个社区居委会；人口 266.9 万人，城市化水平为 38.58%。

营口市地域南北最长处 111.8 km，东西最宽处 50.7 km，地势自东南向西北倾斜，自然形成东部山区、中部丘陵、西部平原的地貌特征。东部山区为长白山系千山山脉的一部分，海拔在 100 ~ 1000 m，共有大小山峰 2800 余座。中部为丘陵地带，海拔 50 ~ 200 m；西部为平原地带，海拔 10 m 以下，总的分布特征是“五山一水四分田”。

营口市是辽河入海口，自 1958 年辽河改道后，为大辽河入海口，也就是浑河和太子河的汇流河流。境内有大、中、小河流

150余条，按流域划分有大辽河、大清河—大辽河、大清河、复州河—大清河、碧流河5个四级区。流域面积在100 km^{2}以上的主要有大辽河、大清河、虎庄河、熊岳河、浮渡河、碧流河6个水系。全区有大型水库1座、中型水库3座、小型水库30座。

营口市海岸线长122 km，管辖海域面积1542 km^2，其中滩涂面积132 km^2，浅海面积1410 km^2。近海有海洋生物400多种，鱼、虾、贝、藻等经济生物及大量的海洋、滨岸物种种类繁多，尤其是对虾、毛虾、海蜇在国内外享有盛誉。

营口市依河傍海、空气清新、水质洁净、环境幽雅、四季分明、气候温和，是最适合人居的城市之一，这里旅游资源丰富，山、海、河、林、泉、寺交相辉映。东部有风光秀美的赤山、青龙山，西部有波缓沙平的优质海滩，南部有多处优质温泉休闲度假区和海滨浴场，北部有清代海防炮台、东北四大禅林之一的楞严禅寺、辽河百年老街等极具文化底蕴的人文景观和有“天然氧吧”之称的永远角湿地公园。这里有荣获1984年世界十大科技发现之一的金牛山古人类遗址、传说中“八仙过海”曾驻足的仙人岛，有“亚洲金字塔”之称的二台子石棚，享有慈母圣地的营口市望儿山风景区等诸多风景名胜。营口市先后获得“中国优秀旅游城市”“国家森林城市”“中国北方最佳温泉城”“中国优秀旅游城市”“最具幸福感城市”等荣誉称号。

第二节　气候概况

营口市地处辽东半岛中枢、渤海东岸、大辽河入海口处，属于暖温带大陆性季风气候。受太阳辐射、地理环境、大气环流及人类活动等因素相互作用的影响，其四季分明、雨热同季、气候温和、降水适中、光照充足、空气湿润，气候条件优越，气候风险较低，但易出现冰雹、暴雨、干旱、大风等气象灾害。

营口市位于中纬度地带，上空处于中纬度西风带，等温线的分布与等高线基本一致，呈东北西南向的平行线走向。太阳高度角年变化较大，冬夏昼长相差悬殊、热量收支差异也较大，春、秋温度升降较迅速，形成冬季寒冷、夏季温热、气温年较差显著、四季分明的气候。营口市西临渤海湾、海岸线较长，就温度而言，冬季寒冷和夏季炎热程度均小于内陆地区，气温年较差和日较差也小于内陆地区；就降水而言，昼少夜多，故晴天日数多、光照充足。营口市年平均气温分布特点为沿海、平原、丘陵一带稍高，东部山区略低。营口市夏季随着雨带北移，雨量增多，出现降水集中的汛期；冬季随着雨带的南退，降水显著减少，故形成夏热多雨、冬寒少雪、雨热同季、降水适中的气候；营口市雨量多于辽宁省西部半干旱地区，少于东部湿润地区，雨量适中。由于地形起伏、地势高低、山脉走向对降水的影响也比较明显，东部山脉易使气流抬升形成降水云系，雨量地域分布是东南部山区雨量较多，西北部沿海平原及丘陵一带降水较少，由东南向西北部递减。营口市光照资源丰富，与辽宁省西北部的朝阳地区相近，其分布特点是沿海地带多，东部山区少。

营口市近 30 年（1991—2020 年）年平均气温为 10.1℃，年平均最高气温为 15.7℃，年平均最低气温为 5.5℃，最冷月（1 月）平均气温为 –8.0℃，最热月（7 月）平均气温为 25.0℃，气温平均年较差为 10.2℃。历年极端最高气温为 36.9℃（出现在鲅鱼圈区熊岳镇 2015 年 7 月 14 日），极端最低气温为 –34.1℃

(出现在大石桥市周家镇2013年1月2日)。初霜日平均为10月15日，终霜日平均为4月13日，最早初霜日9月20日，最晚终霜日5月16日，全年平均无霜期182 d。全年日照时数平均为2611.0 h，日照百分率为61%，最多日照时数为3397.7 h（出现在2020年盖州站），最少日照时数为2206.9 h（出现在2010年营口市站）。年降水量平均为604.2 mm，最多年份达1132.5 mm（出现在熊岳站1991年），最少年份只有320.2 mm（出现在熊岳站2020年），其中5—9月降水量481.1 mm，占全年降水量的79.6%。年平均风速为3.1 m/s，最多风向为南风，春季风速为全年最大，年强风日数（日最大风速≥10.8 m/s日数）为26.5 d，历年10 min最大风速为23.5 m/s，风力9级。

第三节　农业发展概况

一、营口市农业发展概况

营口市土地总面积5426.81 km²，其中耕地168.35万亩、园地95.61万亩、林地310.5万亩。有湿地22.47万亩、沿海滩涂17.50万亩、草地17.49万亩。耕地主要分布在西部平原区、中部丘陵区和东部山区，盛产水稻、高粱、玉米、谷子以及棉花、甜菜和油料作物，是辽宁省商品粮和优质粮生产基地。营口市物华天宝、资源丰富，农业以“三水”著称，盛产优质水稻、各类水果和海淡水产品，总产量均达到400 kt以上。2023年营口市全年粮食作物播种面积93.0 km²，比上年减少0.7 km²。其中，水稻播种面积40.6 km²，减少了0.3 km²；玉米播种面积48.0 km²，增加了0.1 km²。经济作物播种面积

19.6 km²，比上年增加了 0.5 km²，增长 2.7%。其中，油料作物播种面积 0.1 km²，蔬菜及食用菌播种面积 13.6 km²。全年果园面积 40.6 km²，产量 780 kt。其中葡萄种植面积 17.6 万亩，产量 300 kt。全年粮食总产量 761 kt，比上年增加了 2 kt，增产 0.2%。其中，水稻产量 412 kt，增产 3.7%；玉米产量 335 kt，减产 4.1%。全年油料产量 260 t，增产 5.9%。蔬菜及食用菌产量 732 kt，增产 5.1%。全年水果产量 1131 kt，比上年增产 5.1%。

营口市"十四五"农业农村现代化规划要求全力打造"一中心两基地三区域"的战略，建立立足东北辐射东北亚的农副产品交易中心、国家粮食深加工物流储存基地、国家李杏资源科技研发推广基地，建设成为辽宁省设施水果产业样板区域、辽宁省生态农业发展先行区域和辽宁省海洋农业经济核心区域，实现粮食等重要农产品产量在 700 kt 以上，肉蛋奶产量稳定在 400 kt，设施农业面积稳定在 17 万亩，蔬菜总产量稳定在 700 kt，水果产量稳定在 1000 kt，水产品总量稳定在 500 kt。

二、营口市葡萄生产概况

我国是目前全球第二大葡萄生产国，是第一大鲜食葡萄生产国。据联合国 FAO 数据库最新数据显示，2022 年，中国葡萄种植面积为 1057.67 万亩，葡萄产量 15377.9 kt，位列全球第 1 位。我国生产葡萄主要以鲜食为主，鲜食葡萄占国内葡萄消费的 85% 以上，其次是干制和加工，而欧洲生产葡萄以酿酒为主。2022 年，我国葡萄种植主要集中在新疆、陕西、河北、四川、河南、云南、山东、江苏、辽宁、宁夏等地。辽宁省是我国葡萄主产省份之一，2022 年葡萄栽培面积 48.12 万亩，居全国第

9 位；葡萄产量 807.2 kt，占全国总产量的 5.25%，位居第 7 位。鲜食葡萄的面积和产量一直处于全国第 1 位。同时，葡萄是辽宁省仅次于苹果和梨的第三大树种，栽培总面积占全省果树栽培总面积的 10.5%，总产量占全省水果总产量的 13.1%，葡萄产业在全省水果产业和全国葡萄产业中具有举足轻重的地位。

营口市葡萄种植面积为 17.6 万亩，位列全省第 3 位，主要分布在熊岳镇、红旗镇、九垄地街道、陈屯镇、沙岗镇、九寨镇、团甸镇等乡镇。葡萄主要种植品种有晚红、辽丰、阳光玫瑰、巨峰、红提、妮娜皇后、克伦生、马奶等品种。

第二章 营口市主要农业气象灾害

我国是世界上农业气象灾害最为严重的国家之一，在各种农业灾害损失中，农业气象灾害占60%以上。我国每年约有1/3的农作物受灾，损失粮食5000~20000 kt，平均每年损失约10000 kt，极端重灾年份可达50000 kt，其经济损失轻灾年也达100亿元，重灾年则达数百亿元。

农业灾害是直接危害农业生物、农业设施和农业生产环境，影响农业生产正常进行，进而影响人类生存或利益的灾害。农业自然灾害包括气象灾害、生物灾害、地质灾害等。这些自然灾害往往导致农业减产减收，甚至危及人民生命安全。

作物生长发育要求有一定的气象条件，当其生长发育所要求的气象条件不能满足时，就会影响作物的正常生长和成熟。农业生产过程中发生的不利天气或气候条件的总称为农业气象灾害，具有种类多、频率高、持续时间长、多灾并发、突发性强、影响范围广、危害严重等特点。

营口市农业气象灾害主要有干旱、低温冷害、暴雨洪涝、雹灾、霜冻、暴雪、风灾、高温热害、连阴雨、台风等。

第一节 干旱

一、干旱的定义、分类和等级划分

1. 定义

干旱是指由于长时间降水偏少，造成空气干燥、江河断流或流量显著减少，使作物生长、工农业生产和人民生活等受到明显影响的灾害。

农业干旱是指农作物生长季内，因水分供应不足导致农田水量供需不平衡，阻碍作物正常生长发育的现象。

2. 分类

根据发生原因可将干旱分为大气干旱、土壤干旱和生理干旱，按照干旱出现的季节可将干旱分为春旱、夏旱、秋旱、冬旱、季节连旱。

大气干旱是由于大气的蒸发力很强，使植物蒸腾耗水过多，根系吸收水分不足以补偿蒸腾支出，致使植物体内的水分状况恶化的干旱。

土壤干旱是由于土壤含水量减少、土壤颗粒吸水力增大，根系难以吸收到足够水分以补偿蒸腾消耗，使植物体内水分收支失去平衡，从而影响正常生理活动的干旱。

生理干旱是由于土壤环境条件不良使根系生理活动遇到障碍（如土温过高、通气不良、土壤溶液浓度过高等），导致植物体内水分失去平衡而发生的干旱。

3. 等级划分

干旱按降水距平百分率、旱涝指数、土壤质量含水率、土壤相对湿度、土壤干土层厚度、作物旱象特征等划分等级。通常降水距平百分率适用于从大气干旱的角度评判旱涝的严重程度；土壤质量含水率、土壤干土层厚度适用于评判土壤干旱的程度，对鉴定干旱对农业生产的影响更重要。

土壤质量含水率按式（2.1）计算。

$$T=S/g\times 100\% \tag{2.1}$$

式中：T 为土壤质量含水率（%）；S 为土壤含水量，g；g 为干土重，g。

干旱土壤质量含水率分级标准见表 2.1。

表 2.1　干旱土壤质量含水率分级标准

等级	分级标准 /（%）				
	沙土	沙壤土	壤土	黏壤土	黏土
轻度	7～10	10～13	13～16	15～20	18～22
中度	4～7	6～10	10～13	13～15	15～18
重度	＜4	＜6	＜10	＜13	＜15

注：表中为 0～20 cm 耕层土壤的平均质量含水率。

干旱土壤干土层厚度分级标准见表 2.2。

表 2.2　干旱土壤干土层厚度分级标准

等级	分级标准 / cm	
	作物播种、幼苗期	作物生长中后期
轻度	3～5	10～15
中度	5～10	15～20
重度	＞10	＞20

二、春旱

1. 定义

在春季 3 月至 6 月中旬发生的旱灾，出现在大田作物播种、出苗和生长前期。

2. 分级方法

按底墒雨、春播雨及苗期雨降水量划分等级，也可按降水距平百分率、旱涝指数、土壤质量含水率、土壤相对湿度、土壤干土层厚度、作物旱象特征等指标划分等级。（注：底墒雨指 10—11 月降水，春播雨指 4 月上旬至 5 月中旬降水，苗期雨指 5 月下旬至 6 月中旬降水。）

3. 分级标准

春旱降水量分级标准见表 2.3。

表 2.3　春旱降水量分级标准

等级	分级标准 /mm		
	底墒雨	春播雨	苗期雨
轻度春旱	＞ 20	＞ 40	＜ 30
	＞ 20	＜ 40	＞ 30
中度春旱	＜ 20	＜ 40	＞ 30
	＞ 20	＜ 40	＜ 30
重度春旱	＜ 20	＜ 40	＜ 30

注：降水量同时符合上述 3 个时段的标准为重度春旱，符合其中连续 2 个时段的标准为中度春旱，符合春播雨指标或苗期雨指标的标准为轻度春旱。

春旱土壤质量含水率分级标准见表 2.1。

春旱土壤干土层厚度分级标准见表 2.2 的作物播种、幼苗期部分。

三、夏旱

1. 定义

在夏季 6 月下旬至 8 月上旬发生的旱灾，又称伏旱，出现在主要农作物拔节至开花阶段。

2. 分级方法

按 6 月下旬至 8 月上旬期间连续两旬降水量（mm）来划分等级，也可按月降水距平百分率、旱涝指数、土壤质量含水率、土壤相对湿度、土壤干土层厚度、作物旱象特征等指标来划分等级。

3. 分级标准

夏旱降水量分级标准见表 2.4。

表 2.4　夏旱降水量分级标准

等级	分级标准 /mm	
	6 月下旬至 8 月上旬降水量	连续两旬降水量
轻度夏旱	＞ 150	10 ~ 20
中度夏旱	＞ 150	＜ 10
重度夏旱	＜ 150	＜ 10

夏旱土壤质量含水率分级标准见表 2.1。

夏旱土壤干土层厚度分级标准见表 2.2 的作物生长中后期部分。

四、秋旱

1. 定义

在秋季8月中旬至9月上旬发生的旱灾，又称秋吊，是指大田作物籽粒灌浆阶段无雨或少雨而形成的干旱。

2. 分级方法

按8月中旬至9月上旬期间连续两旬降水量（mm）来划分等级，还可以按降水距平百分率、旱涝指数、土壤质量含水率、土壤相对湿度、土壤干土层厚度、作物旱象特征等来划分等级。

3. 分级标准

秋旱降水量分级标准见表2.5。

表2.5　秋旱降水量分级标准

等级	分级标准 /mm	
	8月中旬至9月上旬降水量	连续两旬降水量
轻度秋旱	＞60	10～20
中度秋旱	＞60	＜10
重度秋旱	＜60	＜10

秋旱土壤质量含水率分级标准见表2.1。

秋旱土壤干土层厚度分级标准见表2.2的作物生长中后期部分。

五、冬旱

是发生在12月至翌年2月的干旱。其特点是降水稀少，多西北大风、低温低湿，主要出现在华南地区。因此，这里不做详细阐述。

六、春夏连旱

1. 定义

在 3 月至 8 月上旬发生的跨季节旱灾。

2. 分级方法

按春旱、夏旱的旱情划分等级。

3. 分级标准

春夏连旱分级标准见表 2.6。

表 2.6　春夏连旱分级标准

等级	分级标准
轻度春夏连旱	轻度春旱且中度夏旱，或中度春旱且轻度夏旱，或轻度春旱且轻度夏旱
中度春夏连旱	轻度春旱且重度夏旱，或重度春旱且轻度夏旱，或中度春旱且中度夏旱
重度春夏连旱	重度春旱且中度夏旱，或中度春旱且重度夏旱，或重度春旱且重度夏旱

七、夏秋连旱

1. 定义

在 6 月下旬至 9 月下旬发生的跨季节旱灾，又称伏秋连旱。

2. 分级方法

按夏旱、秋旱的旱情划分等级。

3. 分级标准

夏秋连旱分级标准见表 2.7。

表 2.7　夏秋连旱分级标准

等级	分级标准
轻度夏秋连旱	轻度夏旱且中度秋旱，或中度夏旱且轻度秋旱，或轻度夏旱且轻度秋旱
中度夏秋连旱	轻度夏旱且重度秋旱，或重度夏旱且轻度秋旱，或中度夏旱且中度秋旱
重度夏秋连旱	重度夏旱且中度秋旱，或中度夏旱且重度秋旱，或重度夏旱且重度秋旱

八、历史上影响较大的旱灾

营口市干旱主要出现在 4—8 月的春夏季节。从 1951 年开始进行气象资料统计，发生严重干旱的年份为 1978、1992 年，平均发生频率约为 1 次 /33 a。发生连旱的次数较少，只有盖州和大石桥分别在 1965 年和 2000 年发生过春、夏、秋连旱。

营口市在 1965、1978、1987、1992、1996、1997、1998、1999、2000、2001、2003、2004、2009、2014、2015、2017、2020 年均遭受了旱灾。

第二节　低温冷害

一、定义及分类

低温冷害是一种农业气象灾害，是在农作物生长季节，0℃以上低温对作物的损害。低温冷害使作物生理活动受到障碍，严重时某些组织遭到破坏。但由于低温冷害是在气温 0℃以上，有时甚至是在接近 20℃的条件下发生的，作物受害后，外观无明显变化，故有“哑巴灾”之称。

低温冷害在春、夏、秋季都可出现，危害的农作物主要有水稻、玉米、高粱、谷子、豆类、果树等。

二、等级及标准

按作物各生长期气温（℃）来划分等级。不同作物不同生长期的分级方法及标准不同。

1. 年度低温冷害

年度低温冷害是指 5—9 月发生的低温冷害。根据鉴定年份的 5—9 月平均气温之和（℃），按 5—9 月平均气温距平（℃）来划分等级。多年平均值的计算标准为鉴定年份以前整 30 年的统计结果。

年度低温冷害分级标准见表 2.8。

表 2.8 年度低温冷害分级标准

等级	分级标准 /℃					
一般年度低温冷害	–1.1	–1.4	–1.7	–2.0	–2.2	–2.3
严重年度低温冷害	–1.7	–2.4	–3.1	–3.7	–4.1	–4.4
5—9 月平均气温和	80.0	85.0	90.0	85.0	100.0	105.0

2. 夏季低温冷害

夏季低温冷害是指 6—8 月发生的低温冷害。按 6—8 月平均气温距平值（℃）来划分等级。多年平均值的计算标准为鉴定年份以前整 30 年的统计结果。

夏季低温冷害分级标准见表 2.9。

表 2.9 夏季低温冷害分级标准

等级	分级标准 /℃
一般夏季低温冷害	–2.5
严重夏季低温冷害	–3.5

3. 历史上影响较大的低温冷害

营口市历史上影响较大的低温冷害出现在 1969、1972、1976、1982、2001、2005、2009、2010、2013 年。

第三节 暴雨洪涝

一、定义

暴雨洪涝主要是由于暴雨或长期降水量过于集中而产生大量的积水和径流，排水不及时，导致土地、房屋等渍水、受淹而造成的灾害。这种灾害不仅影响工农业生产，还可能危害人民的生命，造成严重的经济损失。洪涝会导致土壤氧气不足，影响作物根系的呼吸作用，严重时会造成作物死亡。

二、等级及标准

按作物由于暴雨而受灾的表象来划分等级，暴雨洪涝分级标准见表 2.10。

表 2.10 暴雨洪涝分级标准

等级	分级标准
轻度暴雨洪涝	植株部分被淹，积水在短期内退去，作物恢复生长

续表

等级	分级标准
中度暴雨洪涝	植株大部分倒伏或被淹，积水退去后作物较难恢复生长
重度暴雨洪涝	植株被冲走、被泥土掩埋，农田被冲毁，作物严重减产或无产量

洪涝灾害的等级划分标准根据其造成的后果划分，见表 2.11。

表 2.11　暴雨洪涝造成后果分级标准

等级	分级标准
特大灾	县级行政区域农作物绝收面积占 30% 以上，房屋倒塌和损坏严重，死亡人数超过 100 人，直接经济损失超过 3 亿元
大灾	农作物绝收面积占 10% 以上，房屋倒塌和损坏数量相应增加，死亡人数在 30 人以上，经济损失超过 3 亿元
中灾	农作物绝收面积占 1.1% 以上，房屋受损和人员伤亡稍有减少，经济损失在 5000 万元至 3 亿元
轻灾一级	死亡和失踪 8 人以上，威胁 100 人以上群众生命财产安全，经济损失超过 3000 万元
轻灾二级	5 人以上死亡失踪，威胁 50 人以上生命财产，经济损失 1000 万元至 3000 万元
轻灾三级	死亡和失踪 3 人以上，威胁 30 人以上生命财产，经济损失 500 万元至 1000 万元

三、历史上影响较大的暴雨洪涝灾害

暴雨洪涝灾害是营口市主要气象灾害，从 1951 年至今资料统计的暴雨洪涝灾害主要出现在夏季，尤以 7 月、8 月最多，平均每年发生 1 次。1985 年是暴雨洪涝灾害高峰年，共发生 5 次暴雨洪涝灾害。

营口市历史上影响较大的暴雨洪涝灾害出现在1956、1957、1958、1959、1960、1963、1964、1965、1966、1968、1970、1971、1973、1974、1975、1981、1982、1985、1986、1989、1991、1994、1997、1998、2002、2004、2006、2010、2011、2012、2016、2017、2019、2024年。

第四节　雹灾

一、定义

冰雹在夏季或春夏之交最为常见，它是一些小如绿豆、黄豆，大似栗子、鸡蛋的冰粒，特大的冰雹比柚子还大。冰雹打毁庄稼，损坏房屋，人被砸伤、牲畜被砸死的情况也时有发生；特大的冰雹甚至能致人死亡、毁坏大片农田和树木、摧毁建筑物和车辆等，具有强大的破坏力。

二、等级及标准

按雹块平均直径（mm）和植物受损程度来划分雹灾等级，雹灾分级标准见表2.12。

表2.12　雹灾分级标准

等级	分级标准
轻度雹灾	雹块直径为0～4.9 mm，危害极小
中度雹灾	雹块直径为5～9.9 mm，持续时间较短，雹粒少，危害轻

续表

等级	分级标准
重度雹灾	雹块直径为 10 ~ 19.9 mm，持续时间较长，雹粒密度较大，地面有少量积雹，植物茎叶机械损伤较重，较难恢复，造成一定损失
严重雹灾	雹块直径≥ 20 mm，持续时间长，雹粒密度大，地面有大量积雹，植物茎叶机械损伤严重，生长不能恢复，有时造成人畜伤亡

三、历史上影响较大的冰雹灾害

营口市冰雹天气通常出现在每年的春季、夏季和秋季，9—10 月发生的次数最多，其次为 5—6 月。冰雹具有局地性，降雹时间一般出现 2 ~ 10 min，少数在 30 min 以上。自 1951 年开始气象资料统计，冰雹年出现频次较高，平均每年出现 3.8 站次；单站最多一年出现 5 次冰雹过程，分别为 1959 年熊岳、1967 年营口市和大石桥、1976 年大石桥。

营口市冰雹的移动路径主要有 5 条：一是从营口市北界入境，经大石桥市的旗口、虎庄到周家、建一等乡镇，呈西北—东南走向；二是从盖州市南端入境，沿着碧流河经杨屯、罗屯、卧龙泉等乡镇到大石桥市黄土岭镇的王乡，呈西南—东北走向；三是从盖州市西南部，在熊岳河附近，到归州、九垄地、双台子到小石棚乡，呈西南偏东走向；四是从盖州市西部，沿大清河由沙岗镇、太阳升、白果、暖泉等乡镇到高屯镇，呈西—东走向；五是在东部或东南部山区原地生成，缓慢移动，在黄土岭、万福、卧龙泉一带产生冰雹。

营口市历史上影响较大的冰雹灾害出现在 1959、1967、

1976、1985、1992、1995、2000、2002、2009、2010、2013、2014、2015、2018 年。

第五节　霜冻

一、定义

霜冻是指春末（4—5 月）秋初（9—10 月）作物生长季节里，由于夜晚土壤表面或植物株冠附近的温度短时间降到 0℃以下，使作物生长受到严重影响的灾害。秋季第一次霜冻称为早霜冻，春季最后一次霜冻称为晚霜冻。

霜冻的产生不仅与冷空气活动有关，而且受夜间地面辐射冷却程度的影响。按照成因将霜冻分为平流霜冻、辐射霜冻、平流辐射霜冻 3 种类型。

1. 平流霜冻

因温度低于 0℃的北方冷空气入侵而引起的霜冻，称为平流霜冻。

平流霜冻的特点是：一天中的任何时间都可出现，因冷空气侵袭的范围较大，而且持续时间较长，有时甚至接连几天都出现霜冻，所以造成霜害的区域较广，小气候的差异较小。

2. 辐射霜冻

在晴朗、无风或微风的夜晚，由于地面或植物表面温度下降到足以使植物受害的低温而形成的霜冻，称为辐射霜冻。它一般发生在夜晚和清晨，日出后终止。

辐射霜冻的特点是：具有局部性，小气候的差异显著，它的强弱受地形、地势和土壤性质的影响较大。所以，辐射霜冻一般常出现在谷底、洼地、干松的土壤和枯枝叶层上面。

3. 平流辐射霜冻

由冷空气的入侵和夜间辐射冷却共同作用形成的霜冻，称为平流辐射霜冻。入侵的冷空气温度在 0℃以上，并不足以形成霜冻；但因夜间的辐射冷却，促使地面和贴近地面的气层温度降到 0℃以下，形成霜冻。这种霜冻常出现在初秋和晚春，一个地区每年的初霜冻和终霜冻多属混合霜冻。春季正值植物发芽时期，秋季作物即将成熟，这时出现的霜冻危害性最为严重。

二、分级及标准

按作物生长期日最低气温值（℃）或日最低地表温度（℃）及其出现时间来划分等级，霜冻分级标准见表 2.13。

表 2.13　秋霜冻分级标准

等级	分级标准
轻霜冻	作物生长期日最低气温≤ 2℃或日最低地表温度≤ 0℃
重霜冻	作物生长期日最低气温≤ 0℃或日最低地表温度≤ −2℃

三、历史上影响较大的霜冻

营口市历史上影响较大的霜冻灾害出现在 1959、1960、1963、1964、1966、1969、1974、1976、1978、1979、1980、1986、1987、1988、1993、2003、2007、2010、2011、2013 年。

第六节　暴雪

一、定义

暴雪是由于长时间大量降雪造成大范围积雪，对农业生产和人民生活等造成影响的灾害。持续的暴雪天气缺少光照，会对温室番茄、黄瓜、茄子、辣椒等作物带来不同程度的冷害和冻害。另外，积雪过厚会导致日光温室倒塌，棚内作物受灾严重，造成绝产绝收，蔬菜市场供应将受到一定影响。

二、分级及标准

按 24 h 降水量（mm）来划分等级，雪灾分级标准见表 2.14。

表 2.14　雪灾分级标准

等级	分级标准 /mm
轻度雪灾	5.0 ~ 7.4
中度雪灾	7.5 ~ 9.9
重度雪灾	10.0 ~ 19.9
特大雪灾	⩾ 20.0

三、历史上影响较大的暴雪

暴雪天气是营口市冬半年最主要的灾害性天气之一，1951 年至今，营口市平均每 2 年出现 1 次暴雪。有的暴雪天气过程可持续 2 d，主要出现在 11 月至翌年 2 月。

营口市历史上影响较大的暴雪灾害出现在 1955、1962、

1964、1970、1977、1979、1983、1993、1999、2000、2002、2003、2007、2009、2016、2020、2021年。

第七节　风灾

一、定义

风灾是由于风速过大，使作物出现茎秆折断、倒伏、果实脱落等影响的灾害。

二、分级及标准

按风速（m/s）来划分等级，还可按作物受灾程度来划分等级，风灾的风速分级标准见表2.15。

表2.15　风灾的风速分级标准

等级	分级标准 /（m/s）
强风	瞬时风速 10.8 ~ 13.8（相当于风力 6 级）
疾风	瞬时风速 13.9 ~ 17.1（相当于风力 7 级）
大风	瞬时风速 ≥ 17.2（相当于风力 8 级或以上）

风灾的作物受灾程度分级标准见表2.16。

表2.16　风灾的作物受灾程度分级标准

等级	分级标准
轻度风灾	植株倒伏，偏离垂直方向 15° ~ 45°
中度风灾	植株倒伏，偏离垂直方向 46° ~ 60°，部分果实叶片脱落或撕裂，茎秆断裂受损

续表

等级	分级标准
重度风灾	植株被风摧折或倒伏，果实、果穗和叶片脱落，幼苗被沙土掩埋

三、历史上影响较大的风灾

大风是营口市常见的灾害天气，从 1951 年开始气象资料统计结果显示，营口市年平均大风日数为 23 d，多出现在春季；最多年大风日数出现在 1956 年，为 95 d；营口市的风向频率以西南风为最多，其次为偏东北风。

营口市历史上影响较大的风灾出现在 1959、1962、1963、1972、1974、1977、1980、1983、1990、2000、2003、2004、2005、2006、2009、2012、2013、2014、2016、2022 年。

第八节　高温热害

一、定义

高温热害是高温对植物生长发育、产量形成所造成的损害，一般是由于高温超过植物生长发育上限温度造成的，导致作物生长受阻、产量下降、品质变差，某一器官损害或死亡。

二、分级及标准

按气温（℃）划分等级，还可按作物受灾程度划分等级，高温热害分级标准见表 2.17。

表 2.17　高温热害分级标准

等级	气温	持续日数
轻度	日平均气温≥ 29℃，日最高气温≥ 32℃	连续 3 d
中度	日平均气温≥ 30℃，日最高气温≥ 33℃	连续 3 d 以上，小于 5 d
重度	日平均气温≥ 30℃，日最高气温≥ 35℃	连续 5 d 及以上

葡萄高温热害分级标准见表 2.18、表 2.19。

表 2.18　葡萄花期高温热害分级标准

等级	日平均气温 /℃	持续日数
轻度	≥ 20	日最高气温≥ 28℃连续 3 d 及以下，或日最高气温≥ 30℃连续 2 d 及以下
中度	≥ 20	日最高气温≥ 28℃连续 3 d 以上，但少于 7 d，或日最高气温≥ 30℃连续 3 d 及以上、5 d 及以下
重度	≥ 20	日最高气温≥ 28℃连续 7 d 及以上，或日最高气温≥ 30℃连续 6 d 及以上

表 2.19　葡萄膨大期及成熟期高温热害分级标准

等级	日最高气温 /℃	持续日数
轻度	≥ 33	连续 3 d 及以下
中度	≥ 38	连续 3 d 以上，5 d 以下
重度	≥ 40	连续 5 d 及以上

三、历史上影响较大的高温热害

营口市历史上影响较大的高温热害出现在 1956、1958、1961、2009、2015 年。

第九节　连阴雨

一、定义

连阴雨是指连续 3 ~ 5 d 及以上的阴雨天气（中间可以有短暂日照）。日降水量≥ 0.1 mm、过程总降水量≥ 30 mm 为一个连阴雨过程。持续较长时间的阴雨、寡日照、空气湿度大，影响作物播种生长发育、开花授粉、成熟、收获及晾晒等农事活动。

二、分级及标准

连阴雨分为春季连阴雨和秋季连阴雨，以作物受害程度进行分级，见表 2.20。

表 2.20　连阴雨的作物受灾程度分级标准

等级	分级标准
轻度	短期内影响播种、收割、打碾和晾晒
中度	影响播种、开花、授粉、灌浆，结实率和千粒重下降，不能及时收割、打碾、晾晒，部分发芽霉烂
重度	影响播种、正常生长发育，延迟成熟或不能成熟，籽粒不饱满，严重减产，播种、收割、打碾、晾晒难以进行，发芽霉烂严重

第十节　台风

一、定义

台风是热带气旋的一种。热带气旋是发生在热带或亚热带洋面上的具有暖心结构的低压涡旋，是一种强大而深厚的天气系统。中国把西北太平洋的热带气旋按其底层中心附近最大平均风力大小划分为6个等级，其中心附近风力达12级或以上的，统称为台风。它能够直接带来狂风、暴雨、风暴潮等灾害，以及城市内涝、山洪、泥石流等次生灾害，对人类社会和自然环境造成严重影响，是一种极具破坏力的自然灾害。台风对农业影响主要有农作物损害、病虫害加重、洪涝、土地盐碱化、农业基础设施损毁等。

二、分级及标准

热带气旋按照中心附近最大风力进行划分，见表2.21。

表2.21　热带气旋风力分级标准

热带气旋等级名称	底层中心附近最大平均风速 / (m/s)	蒲福风力等级
热带低压（TD）	10.8 ~ 17.1	6 ~ 7级
热带风暴（TS）	17.2 ~ 24.4	8 ~ 9级
强热带风暴（STS）	24.5 ~ 32.6	10 ~ 11级
台风（TY）	32.7 ~ 41.4	12 ~ 13级
强台风（STY）	41.5 ~ 50.9	14 ~ 15级
超强台风（Super TY）	≥ 51.0	16级及以上

热带气旋造成影响分级标准，见表 2.22。

表 2.22　热带气旋造成影响分级标准

影响等级	可能影响	建议台风预警信号级别
轻度影响	对海上生产活动有影响，或对陆上正常的日常生活和活动略有影响	无
中度影响	抗风能力 9 级及以下的船只航运受到影响，对渔民和海上作业构成一定威胁，少量临时建筑物损毁	蓝色
较重影响	海上航运停止，对渔民和海上作业构成威胁，建筑物损毁，低洼地带出现积涝，可能出现人员伤亡	黄色
严重影响	严重影响海上生产，引发山洪与地质灾害，损毁房屋和基础设施，出现内涝，可能出现较大人员伤亡	橙色
特重影响	海上生产遭受极大破坏，引发严重山洪与地质灾害，损毁大量建筑物和基础设施，出现严重内涝，可能出现重大或特别重大人员伤亡	红色

第三章 葡萄主要病害

第一节 灰霉病

一、定义

葡萄灰霉病俗称“烂花穗”，是真菌病害，是由灰葡萄孢霉侵染所引起的、发生在普通葡萄上的一种主要病害。易发病时期为葡萄花序分离后开花期、坐果期、果实成熟期、储藏期。葡萄灰霉病具有繁殖速度快、生存能力强、致病力强等特点。

葡萄灰霉病主要危害花序、幼果和已经成熟的果实，有时也危害新梢、叶片和果梗。受害部位表面产生一层鼠灰色霉层，霉粉受震易飞散，呈灰色烟雾状。

二、发生的外界条件

葡萄灰霉病是低温、适温高湿型病害。多雨、潮湿和较凉天气条件适宜葡萄灰霉病的发生。15～20℃适宜温度和有游离水或90%以上相对湿度条件下15 h就有葡萄灰霉菌侵入。

在5～30℃条件下该菌均可生长，适温范围为15～25℃，以20℃对其生长最为有利。5～10℃时菌丝生长缓慢，30℃时菌丝生长完全受到抑制。空气相对湿度在85%以上可发病，湿度90%以上时发病严重。连续的自然光照有利于菌丝的生长和产孢，黑暗条件则抑制菌丝生长和产孢。

三、葡萄灰霉病的防治方法

采用农业防治与药剂防治相结合的方法进行防治。

第二节　霜霉病

一、定义

葡萄霜霉病是世界第一大葡萄病害，是真菌病害，该病害主要以卵孢子在病残体或随病残体在土壤中越冬。温暖地区可以菌丝体在枝条、幼芽中越冬，在环境适宜时产生孢子囊，孢子囊内产生游动孢子借风雨传播。

该病春季新梢生长开始至秋季全生长期均会发生。主要症状特点是在病部表面产生白色霜霉状物，以危害叶片为主，花蕾、幼果、新梢、叶柄、卷须也会受害。

二、发生的外界条件

葡萄霜霉病是适温、高湿型病害。多雨、多雾、多露天气易引起病害流行。它的越冬卵孢子在日降水量 10 mm 以上、土壤温度 15℃左右，即在游离水中开始萌发，产生孢子囊，再由芽孢囊产生游动孢子，借风雨传播，自作物叶背气孔侵入，进行初次侵染。在适宜条件下卵孢子萌发产生芽孢囊，经过 7 ~ 12 d 的潜育期，在病部产生孢囊梗及孢子囊，孢子萌发产生游动孢子进行再次侵染。孢子囊萌发适宜温度为 10 ~ 15℃，游动孢子萌发的适宜温度为 18 ~ 25℃，适宜相对湿度在 95% 以上。气温高于 30℃或低于 10℃会抑制发生。

三、葡萄霜霉病的防治方法

采用农业防治与药剂防治相结合的方法防治。露地葡萄可增设防雨棚，用铜制剂保护，可减少病害发生。

第三节　炭疽病

一、定义

葡萄炭疽病，又称“晚腐病”，是真菌病害，主要以菌丝体在一年生枝蔓表层组织及病果上越冬，也能在叶痕、穗梗及节部等处越冬。第二年春季在环境条件适宜时，即能产生大量分生孢子，通过风雨传播，引起初次侵染。病菌侵入后至果实着色前，菌丝发育很慢，有一个潜伏期，约 20 d 后开始发病。若是果实成熟期前侵入，只需 4 d 即可发病。它是严重影响葡萄果实质量的一种病害。

该病在即将成熟或已成熟的果实和穗轴上易发生，主要症状为轮纹排列的小黑点，湿度高时为血红色小红点。该病能侵害叶片、新梢、卷须、果梗等部位，但症状不如果实和穗轴上明显。

二、发生的外界条件

葡萄炭疽病是高温、高湿型病害，具有潜伏性。高温天气，遇阵雨，尤其暴雨、台风会突发。气温高于 15℃易产生分生孢子，通过风、雨、昆虫等传到果穗上。发病适宜温度为 26～28℃。

三、葡萄炭疽病的防治方法

采用农业防治与化学防治相结合的方法防治。可增设防雨棚，在坐果疏果后立即套袋，合理施肥；套袋前后和台风暴雨后要用药；未发病时用保护性杀菌剂；发病初期，用治疗性杀菌剂。

第四节　白粉病

一、定义

葡萄白粉病是一种常见的真菌性病害，主要由葡萄钩丝壳菌引起。葡萄白粉病的病原菌以菌丝体在受害组织或芽鳞内越冬，来年春季产生分生孢子，借风雨传播，穿透表皮进行初次侵染，生长季节可进行多次再侵染。病害在 7 月上中旬至 9—10 月均可发生。

主要危害葡萄的叶片、枝梢及果实等部位，尤其对幼嫩组织最为敏感，在受害部位的表面会出现一层白色的粉状物，在叶面上产生细小、淡白色的霉斑；在果面上产生白色粉状霉层，这些霉斑会逐渐扩大成灰白色粉末状。

二、发生的外界条件

葡萄白粉病是适温干燥型病害。干旱的夏季和温暖而潮湿、闷热的天气有利于白粉病的大发生，多雨对白粉病不利。病菌适宜温度为 23 ~ 30℃，相对湿度 35% 也能分生孢子。干旱、雨后干旱或干湿交替，种植过密，通风透光不良，施氮肥过多，修剪、摘副梢不及时，枝梢徒长等易发病。

三、葡萄白粉病的防治方法

采用以农业防治和化学防治为主的方法防治，主要防治幼果白粉病。

第五节　黑痘病

一、定义

葡萄黑痘病是一种常见的真菌病害，又被称为萎缩病或黑斑病，俗称“蛤蟆眼”“火龙黑斑”“鸟眼病”，是由葡萄痂囊腔菌侵染所引起的，春天菌核产生分生孢子，借风、雨、露和昆虫传播。

主要发生在新梢生长期至幼果期。危害葡萄的绿色幼嫩部位，包括果实、果梗、叶片、叶柄、新梢和卷须。幼果初期在果面上产生深褐色圆形小斑点，后扩大为圆形凹陷病斑，中部灰白色，外部深褐色，边缘紫褐色，似“鸟眼”状。

二、发生的外界条件

葡萄黑痘病是低温、适温、高湿型病害，在多雨高湿天气易发生。最适宜发病温度为 21～24℃。当温度超过 30℃时，病情受到抑制。

三、葡萄黑痘病的防治方法

采用以农业防治和化学防治为主的方法防治。露地葡萄可增设防雨棚，加强田间管理，配合药剂防治。

第六节　白腐病

一、定义

葡萄白腐病又称葡萄腐烂病，是真菌病害，俗称“水烂”或“穗烂”。以分生孢子器、菌丝体和分生孢子在病残部越冬，在适宜环境，分生孢子器及孢子通过雨水、风、昆虫等传播。在多雨年份常和炭疽病并发流行，造成很大损失。

葡萄白腐病主要危害果穗，也可侵染枝蔓和叶片。呈水浸状淡红褐色边缘深褐色，后发展成长条形黑褐色，表面密生有灰白色小粒点。

二、发生的外界条件

葡萄白腐病是高温高湿型病害。易在高温高湿天气条件下发生。夏季大雨后接着持续高湿是病害流行的适宜条件，大雨或连续下雨后就出现一次发病高峰，一般出现在雨后 7 d 以后。最适宜发病温度为 26～30℃，低于 15℃或高于 34℃则不适宜其发生。孢子萌发的适宜相对湿度在 95% 以上。当冰雹造成大量伤口、温度在 24～27℃时，发病严重。

三、葡萄白腐病的防治方法

采用以农业防治和化学防治为主的方法防治。露地葡萄可增设防雨棚、防雹网等，要加强田间管理，配合药剂防治。

第七节　穗轴褐枯病

一、定义

葡萄穗轴褐枯病又叫“轴枯病”，是一种由真菌感染引起的疾病，由一种交链孢菌侵染所致。在适宜环境，越冬病菌产生大量的分生孢子，借助水滴和风传播到花序上，进行初侵染，形成病斑后，病部又产出分生孢子，借助风雨进行再侵染。

该病一般情况下在葡萄抽生出幼穗至花序分离前即可发病。主要危害部位为幼嫩的穗轴和果梗，有时也危害幼果。主要症状是叶片和茎干上出现褐色斑点和枯死现象。

二、发生的外界条件

葡萄穗轴褐枯病是低温、适温高湿型病害。当环境湿度高、通风不良等会使真菌滋生。在花絮展开至开花前后，如遇阴雨天气，温度达到 10～25℃，湿度达到 90% 以上容易发生，是病害入侵的关键条件。

三、葡萄穗轴褐枯病的防治方法

采用以农业防治和化学防治为主的方法防治。加强果园管理，消灭越冬菌源，发病初期及时喷药治疗。

第八节　锈病

一、定义

葡萄锈病是由真菌引起的病害。高湿条件有利于锈病孢子的萌发，光线对病菌萌芽不利。寒冷地区以冬孢子越冬，初侵染后产生夏孢子，通过气流传播，叶片上有水滴及适宜温度；夏孢子长出芽孢，通过气孔侵入叶片。潜育期约 1 周，再侵染在生长季适宜条件下多次进行，至秋末又形成冬孢子堆。

主要危害葡萄中下部的叶片，发病初期在叶面上出现褪绿色小斑点，周围呈水浸状，随后在叶片背面长出橘黄色孢子堆，在病害严重时葡萄叶片干枯。

二、发生的外界条件

葡萄锈病是高温高湿型病害。夜间多雨、多雾、多露等高湿条件有利于病害的流行。主要发生在夏秋之交多雨时段。夏孢子萌发温度 8～32℃，适温 24℃；冬孢子萌发温度 10～30℃，适温 15～25℃，适宜相对湿度 99%。冬孢子形成担孢子适温 15～25℃，担孢子萌发适温 20～25℃，适宜相对湿度 100%，高湿利于夏孢子萌发。光线对萌发有抑制作用，有雨或夜间多露的高温季节利于锈病发生，管理粗放且植株长势差易发病，山地葡萄较平地发病重。

三、葡萄锈病的防治方法

采用以农业防治和化学防治为主的方法防治。

第九节 日灼

一、定义

葡萄日灼病又称“日烧病”，是一种非侵染性生理病害，强光照射和温度剧变是其发生的主要原因。过高的果面温度使细胞膜透性改变以及相关生理代谢紊乱，造成细胞失水及细胞坏死是主要原因。

发生在坐果后果实开始幼果膨大期到硬核期。一般发生在果实接受阳光直射的一面，果穗顶部果粒发生较为严重，果穗中下部果粒发生较轻。症状起初是果实的下表皮及果肉组织开始变白，而后变褐，症状一般出现在果粒的中部，严重时症状向果梗部位蔓延，随后并出现凹陷、皱缩症状。

二、发生的外界条件

气温超过 33℃与强光共同作用，空气湿度低于 30%、土壤相对湿度低于 40%，易发生葡萄日灼。

三、葡萄日灼的防治方法

农业防治，适当定植，合理修剪，保证水分，增施有机肥。

第四章　葡萄气象服务技术

2016 年开始，营口经济技术开发区气象局结合营口市优势特色农业产业发展实际和当地农业产业布局，有针对性地开展了葡萄生产精细化气象服务，提高了葡萄产量和品质，提高了农民收入，为农业发展提供了高质量气象服务保障。先后开展了“鲅鱼圈区葡萄气象服务系统”“葡萄气候品质评价技术方法研究”“设施葡萄棚内最低气温预报和预警技术研究”“葡萄主要病虫害发生气象条件分析及预报”等科研课题研究，提炼出葡萄精细化气象服务技术等指标，制定了营口市地方标准《露地葡萄农业气象服务技术规程》，并将科研成果转化到业务工作中。其中“葡萄气候品质评价技术方法”在辽宁省进行业务准入，连续 5 年开展葡萄气候品质评价工作。

第一节　设施葡萄小气候特征

一、设施葡萄小气候的变化规律

2021 年 10 月在营口市鲅鱼圈区辽宁省首家鲅鱼圈葡萄科技小院的设施葡萄大棚内建设一套农田小气候站，主要观测项目有温度、湿度、地温（10 cm、20 cm）、土壤湿度（10 cm、20 cm）、二氧化碳浓度、光照等要素，并对葡萄生长状况进行实景监测。鲅鱼圈葡萄科技小院为智慧农业生产示范园区，建有钢架结构的智慧农业温室大棚（长 40 m、宽 30 m、高 3.7 m），东西走向，设有智能控制的棉被及薄膜、滴灌、通风口、换气扇等设备，棚内主要种植葡萄品种有阳光玫瑰、妮娜皇后，采用常规栽培方式管理。

营口经济技术开发区气象局开展了葡萄的伤流期、萌芽期、开花坐果期、新枝生长期、果实膨大期、成熟采收期、越冬休眠期等物候期观测，以及出土上架、抹芽、打岔、施肥、打药、灌水、采收、休眠等田间管理的农事调查，通过现场指导及直通式微信群等方式，开展了葡萄出土上架到成熟采收及销售全产业链精细化气象服务，特别是葡萄萌芽期低温冻害气象服务得到农户认可。

设施葡萄大棚内气温、相对湿度、地温、光照度是随着外界气象条件和季节变化而发生变化，通过开展科研项目研究，得出设施葡萄小气候的变化规律，为指导葡萄生产提供了科学依据。

1. 研究资料

棚内气象资料采用 2021 年 11 月至 2023 年 10 月农田小气候观测站资料，分别为逐小时 1.5 m 气温、空气相对湿度、10 cm 地温、20 cm 地温等，日平均数据取 1 d 内逐小时数据的平均值，气温的日最高和最低值剔除缺测和异常观测数据。

棚外气象资料采用熊岳国家基本站逐小时 1.5 m 气温、空气相对湿度、10 cm 地温、20 cm 地温，以及日照时数等。棚外站距离试验地 8.1 km。

2. 研究方法

（1）预报时段划分

将设施葡萄大棚生产季节划分为：春季（3—5 月）、夏季

（6—8 月）、秋季（9—11 月）、冬季（12 月至翌年 2 月）。建立不同季节棚内平均气温和最低气温预报回归方程。

（2）天气类型划分

日照时数≥ 6 h 为晴天，日照时数＞ 3 h、＜ 6 h 为多云天气，日照时数≤ 3 h 为阴天。建立不同天气类型棚内平均气温和最低气温预报回归方程。

（3）模型建立

采用 2021 年 11 月 1 日至 2023 年 10 月 31 日葡萄科技小院温室的观测数据进行建模，剔除异常数据，有效数据为 403 d。其中晴天 266 d、多云天气 78 d、阴雨天 59 d。春季晴天 61 d、多云天气 20 d、阴雨天 12 d，夏季晴天 22 d、多云天气 4 d、阴雨天 2 d，秋季晴天 79 d、多云天气 30 d、阴雨天 33 d，冬季晴天 104 d、多云天气 24 d、阴雨天 12 d。采用棚内最高气温、最低气温、平均气温、相对湿度、10 cm 和 20 cm 地温，以及棚外日照时数、最高气温、最低气温、平均气温、10 cm 和 20 cm 地温等气象要素，分析不同天气类型下棚内平均气温、最低气温与棚外气象要素的相关性，通过逐步回归方法建立不同季节和不同天气类型下棚内平均气温和最低气温预报模型，开展葡萄冻害预警服务。

（4）拟合检验

对建立预报模型采用均方根误差（RMSE）、相对误差（RE）进行检验，这两种误差越小，预报准确率越高，见公式 4.1 和 4.2。

$$\mathrm{RMSE}=\frac{\sqrt{\sum_{i=1}^{n}\left(P_i-A_i\right)^2}}{n} \tag{4.1}$$

$$\mathrm{RE}=\frac{\sum_{i=1}^{n}(P_i-A_i)\mid/A_i}{n}\times 100 \tag{4.2}$$

式中，n 为样本数；P_i 为预测值，A_i 为实测值。

3. 棚内外气温变化特征

（1）棚内外逐小时气温变化特征

棚内气温日变化受天气影响较大，其中主要受太阳辐射影响，不同天气类型下太阳辐射不同，造成棚内气温变化有所不同。由图 4.1 可知，晴天和多云天气时，棚内气温明显高于棚外气温，而阴天棚内气温仍高于棚外气温，但幅度小。3 种天气类型下，棚内气温最低值出现在 05—06 时，08 时开始升高，10—11 时上升较快，15 时开始下降。棚外气温最低值也出现在 05—06 时，08 时开始升高，16—17 时开始下降。

因此，无论何种天气类型下，棚内外逐小时气温变化特征都趋于一致，只是变化幅度不同，晴天和多云天气气温变化幅度较大，阴天气温变化幅度较小。

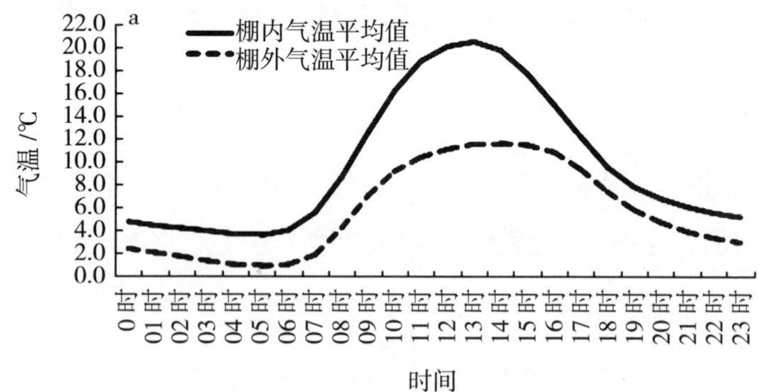

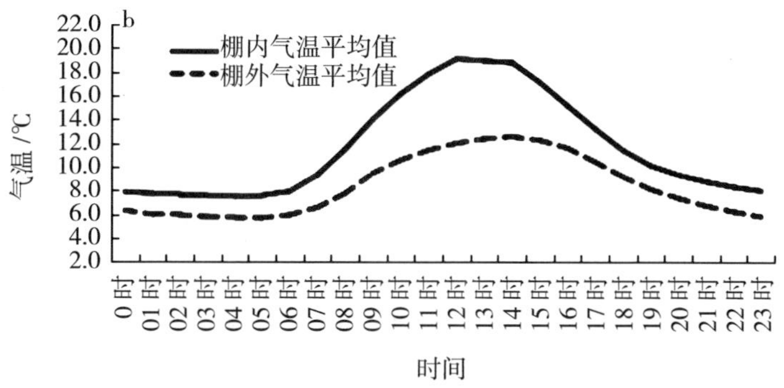

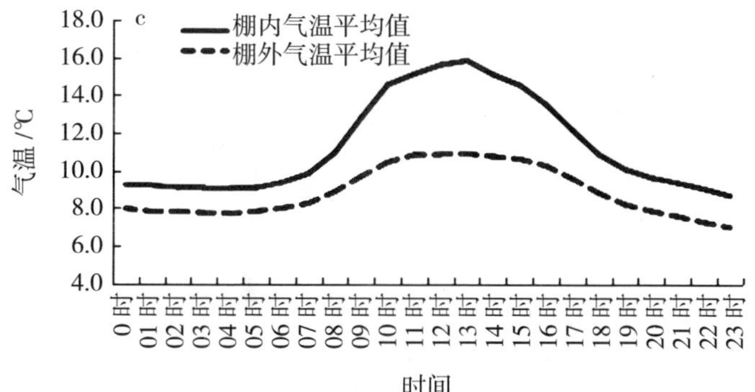

图 4.1　晴天（a）、多云（b）、阴天（c）3 种天气类型棚内外气温日变化特征

（2）棚内外平均气温变化特征

棚内外日平均气温变化趋势大致相同，具有明显的季节性变化。由图 4.2 可见，晴天天气类型下，春季平均气温棚内比棚外偏高 3.0℃，夏季平均气温棚内比棚外偏高 1.1℃，秋季平均气温棚内比棚外偏高 2.1℃，冬季平均气温棚内比棚外偏高 0.5℃。多云天气类型下，春季平均气温棚内比棚外偏高 2.8℃，夏季平均气温棚内比棚外偏高 1.1℃，秋季平均气温棚内比棚外偏高

1.4℃，冬季平均气温棚内比棚外偏高 4.7℃。阴天天气类型下，春季平均气温棚内比棚外偏高 2.5℃，夏季平均气温棚内比棚外偏高 1.7℃，秋季平均气温棚内比棚外偏高 2.0℃，冬季平均气温棚内比棚外偏高 4.2℃。

综上可知，在各种天气类型下，棚内外日平均气温变化春季和秋季较为明显，变化幅度趋于一致；夏季变化不太明显，但变化幅度较为一致；冬季变化不一致，晴天变化幅度最小，多云和阴天变化幅度最大。

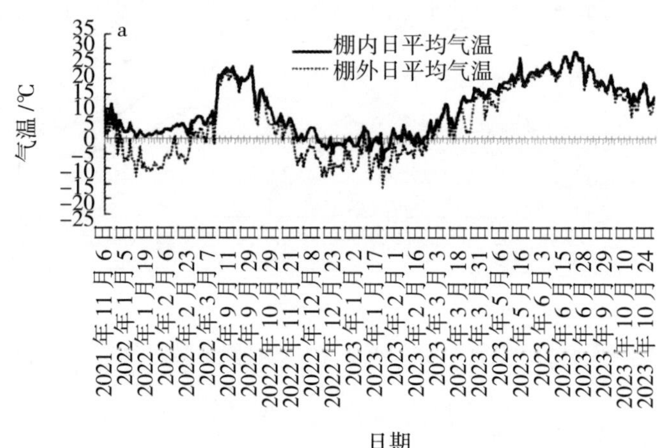

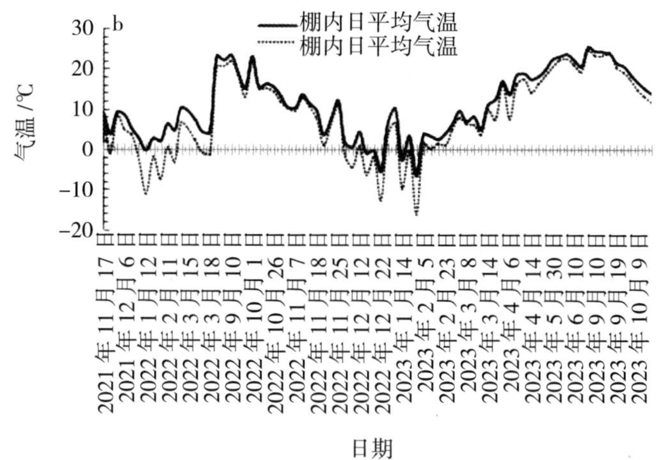

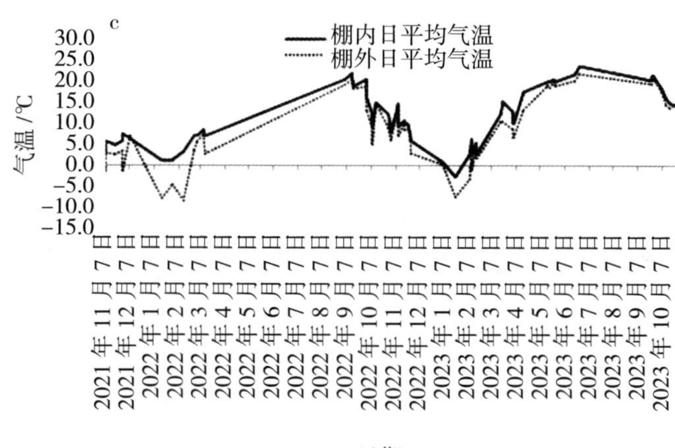

图 4.2　晴天（a）、多云（b）、阴天（c）3 种天气类型下棚内外日平均气温变化

（3）棚内外最低气温变化特征

任何天气类型下，棚内外最低气温变化趋势相同，棚内最低气温明显高于棚外，其中晴天变化幅度最大、多云变化幅度适中、阴天变化幅度最小（图 4.3)。

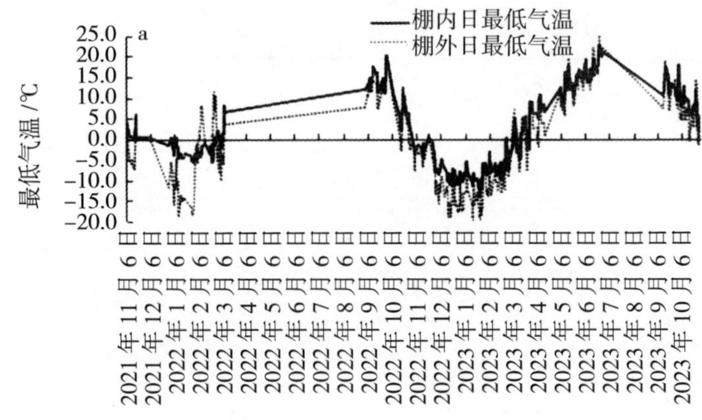

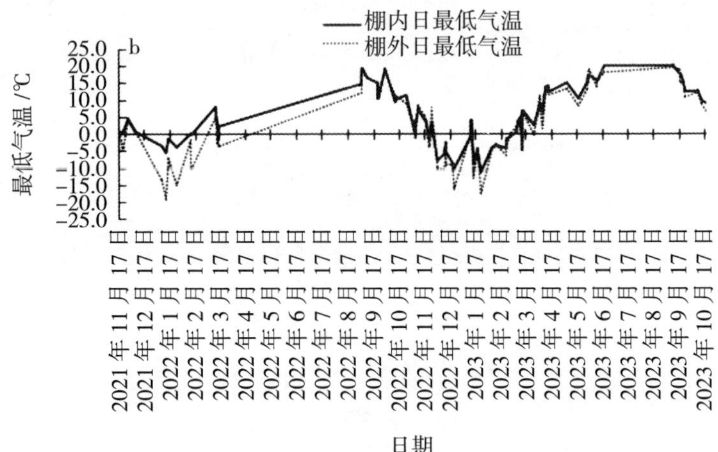

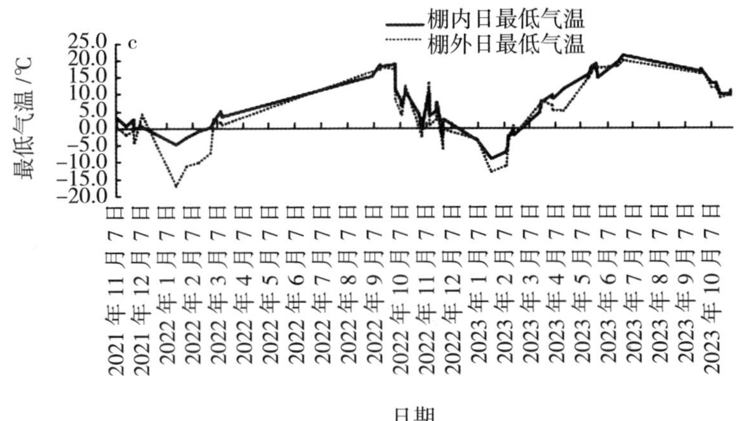

图 4.3　晴天（a）、多云（b）、阴天（c）3 种天气类型下棚内外最低气温变化

第二节　葡萄主要物候期气象服务指标和服务产品

将葡萄生长阶段分为伤流期、萌芽期、新梢生长期、开花坐果期、浆果生长期、果实成熟期、落叶期、越冬休眠期等物候期，结合各物候期生产特点，开展撤防寒土预报、出土上架预报、冻害预报、大风气象灾害预警信息发布、开花期预报、霜霉病发生气象等级预报、喷药气象条件适宜性预报、套袋气象条件适宜性预报、果实采收气象条件适宜性预报、霜冻预报、防寒埋土预报，以及各生育期气象条件适宜性评价等精细化气象服务。

一、伤流期

气象条件适宜性评价：根据表 4.1 所列指标，评价葡萄伤流期间气象条件的优劣。

表 4.1　葡萄生育期气象条件适宜性评价指标及气象服务内容

葡萄生育期	时间	适宜气象指标	不利气象指标	气象服务产品	农事建议
伤流期	3月下旬至4月中旬	5 cm 地温稳定通过 8～10℃	地温低于 5℃，不利于树液流动	1. 气象条件适宜性评价 2. 发布撤防寒土预报 3. 发布出土上架预报	做好出土上架，做好肥水管理，预防病虫害
萌芽期	4月上旬至5月上旬	1. 地温在 12～14℃根系开始生长 2. 气温在 10～12 ℃利于萌芽，15～20℃萌芽整齐	气温低于 0℃，易使芽受冻	1. 气象条件适宜性评价 2. 冻害预报 3. 连阴雨预报	预防冻害发生，做好抹芽，清沟排水和中耕除草等田间管理
新梢生长期	4月下旬至5月下旬	1. 日平均气温达到 10℃，白天气温达到 25～30℃新梢生长旺盛 2. 土壤相对湿度为 65% ～75% 为宜	1. 白天气温低于 15 ℃不利于新梢生长，低于 6℃或高于 35 ℃新梢停止生长 2. 气温在 −1.0℃及以下时嫩梢和幼叶开始受冻 3. 极大风速为 17 m/s 及以上造成新长枝条折断	1. 气象条件适宜性评价 2. 大风气象灾害预警信息 3. 冻害预报	做好肥水管理、病虫害防治、疏梢、摘心，以及新梢固定等工作

续表

葡萄生育期	时间	适宜气象指标	不利气象指标	气象服务产品	农事建议
开花坐果期	5月下旬至6月中旬(开花7～14 d坐果)	1. 平均气温在20 ℃对开花有利，白天温度在20～25℃适宜开花 2. 微风、晴朗天气利于开花 3. 土壤相对湿度70%为宜	1. 气温低于15℃不利开花和坐果，气温高于28 ℃花粉发芽率低，高于35 ℃开花受到抑制 2. 气温在0℃以下花器受冻 3. 连阴雨和大风天气不利于开花授粉	1. 气象条件适宜性评价 2. 开花期预报 3. 阴雨寡照预报	花期喷施硼钙叶面肥，促进保花保果，做好病虫害防治，预防冻害发生，前期未摘心应及时摘心，疏花序，增设防雹网等
浆果生长期	6月中旬至8月下旬	1. 气温20～30 ℃，空气相对湿度70%～80%，土壤湿度60%～70%为宜 2. 昼夜温差大于或等于10℃	1. 气温低于0℃幼果脱落，超过35 ℃易发生日灼现象 2. 连阴雨天气，易发生病虫害 3. 暴雨或干旱天气，易造成果园渍涝或干旱 4. 气温低于15℃不利于果实膨大	1. 气象条件适宜性评价 2. 霜霉病发生气象等级预报 3. 暴雨、干旱、冰雹等灾害性天气预报 4. 喷药气象条件适宜性预报 5. 套袋气象条件适宜性预报	做好肥水管理、病虫害防治，及时除副梢，修整果穗，注意防葡萄裂粒，做好葡萄套袋等

续表

葡萄生育期	时间	适宜气象指标	不利气象指标	气象服务产品	农事建议
果实成熟期	8月下旬至9月下旬	1. 气温20～32 ℃，昼夜温差大于或等于10℃利于果实成熟和着色 2. 采收期当月降水量小于50 mm	1. 气温低于14℃不利于果实成熟，超过35℃易发生日灼现象 2. 暴雨洪涝、连阴雨或高温高湿等天气，易发生病虫害，当月出现50 mm降水，易发生裂果现象	1. 气象条件适宜性评价 2. 冰雹、暴雨、连阴雨等天气预报 3. 喷药气象条件适宜性预报 4. 采收气象条件适宜性预报	做好肥水管理，病虫害防治，葡萄摘袋、采收、销售、撤防雹网等工作
落叶期	10月中下旬	气温3～5 ℃利于落叶	气温低于0 ℃易造成叶片受冻枯死	1. 气象条件适宜性评价 2. 霜冻预报	中耕松土，保叶控梢，肥水管理，施采果肥和秋基肥，采果后15～20 d进行修剪枝条、防病清园等工作
越冬休眠期	10月下旬至翌年3月	1. 气温0～7 ℃利于休眠 2. 地温12℃以下根系停止生长	气温高于15℃不利于休眠	1. 气象条件适宜性评价 2. 防寒埋土预报	做好埋土前修剪、喷药、浇水等工作

撤防寒土预报：根据长、中期天气预报，结合地面气象观测资料，预测 5 cm 地温稳定通过 8℃界限温度的日期，一般在 3 月下旬至 4 月中旬。

出土上架预报：根据长、中期天气预报，结合地面气象观测资料，预测 5 cm 地温稳定通过 10℃界限温度的日期，一般在 3 月下旬至 4 月中旬。

二、萌芽期

气象条件适宜性评价：根据表 4.1 所列指标，评价葡萄萌芽期间气象条件的优劣。

冻害预报：根据表 4.2 所列指标，预报葡萄萌芽期发生冻害等级。

表 4.2　营口市露地葡萄萌芽期冻害等级指标

冻害等级	气象条件	
	日最低气温 /℃	低温持续时间 /h
轻度	＞ –3 ≤ –2	＜ 4
中度	＞ –3 ≤ –2	≥ 4
	＞ –4 ≤ –3	＜ 2
重度	＞ –4 ≤ –3	＜ 4
	≤ –4	≥ 2 ＜ 4
严重	≤ –4	≥ 4

三、新梢生长期

气象条件适宜性评价：根据表 4.1 所列指标，评价葡萄新梢生长期间气象条件的优劣。

冻害预报：根据表 4.3 所列指标，预报葡萄新梢生长期发生冻害等级。

大风气象灾害预警信息：当极大风速在 17 m/s 或以上时将对葡萄新梢造成影响，制作发布大风气象灾害预警信息。

表 4.3　营口市露地葡萄新梢生长期冻害等级指标

冻害等级	气象条件	
	日最低气温 /℃	低温持续时间 /h
轻度	＞ −1 ≤ 0	＜ 2
中度	＞ −1 ≤ 0	≥ 2
	≤ −1	＜ 1
重度	≤ −1	≥ 1 ＜ 4
严重	≤ −1	≥ 4

四、开花坐果期

气象条件适宜性评价：根据表 4.1 所列指标，评价葡萄开花坐果期间气象条件的优劣。

开花期预报：根据长、中期天气预报，预测日平均气温稳定通过 20℃界限温度初始日期，即为葡萄开花期。

五、浆果生长期

气象条件适宜性评价：根据表 4.1 所列指标，评价浆果生长期间气象条件的优劣。

霜霉病发生气象等级预报：根据表 4.4 所列指标，预报霜霉病发生气象等级。

喷药气象条件适宜性预报：根据表 4.5 所列指标，预报喷药气象条件适宜性。

套袋气象条件适宜性预报：在谢花 20 ~ 30 d 果实横径达到 1 cm 左右，根据表 4.6 所列指标，预报葡萄套袋气象条件适宜性。

表 4.4 营口市露地葡萄浆果生长期霜霉病发生气象等级指标

等级	累计降水日数 /d	降水期间平均相对湿度 /（%）	平均气温 /℃
高	≥ 5	＞ 75	≥ 22 ≤ 25
	4	＞ 85	
中	≥ 5	≤ 75	≥ 10 ＜ 22
	4	＞ 70 ≤ 85	
	3	＞ 85	≥ 10 ≤ 25
低	4	≤ 70	＜ 10 或＞ 25
	3	≤ 85	

表 4.5 营口市露地葡萄生育期喷药气象条件适宜性指标

适宜性等级	天空状况	气温 /℃	风力 / 级	相对湿度 /（%）
适宜	晴或多云，且 48 h 无雨	＞ 20 ＜ 30	＜ 3	≥ 60 ≤ 80
基本适宜	阴，且 24 h 无雨	≤ 20	≥ 3 ≤ 4	≥ 50 ＜ 60
不适宜	有雨	≥ 30	＞ 4	＜ 50 或＞ 80

注：农事活动时段为全生育期。

表 4.6　营口市露地葡萄套袋气象条件适宜性指标

适宜性等级	天空状况	气温 /℃	风力 / 级	相对湿度 / (%)
适宜	晴或多云，48 h 无雨	≥ 20 ＜ 30	＜ 3	≥ 50 ≤ 80
基本适宜	阴，24 h 无雨	≤ 20 或≥ 30 ≤ 32	≥ 3 ≤ 4	＜ 50
不适宜	有雨	＞ 32	＞ 4	＞ 80

六、果实成熟期

气象条件适宜性评价：根据表 4.1 所列指标，评价葡萄果实成熟期间气象条件的优劣。

采收气象条件适宜性预报：根据表 4.7 所列指标，预报葡萄采收气象条件适宜性。

表 4.7　营口市露地葡萄采收气象条件适宜性指标

适宜性等级	天空状况	气温 /℃	相对湿度 / (%)
适宜	晴或多云，48 h 无雨	≥ 15 ≤ 25	≥ 65 ≤ 80
基本适宜	阴，24 h 无雨	＜ 15 或＞ 25 ≤ 30	＜ 65 或＞ 80 ≤ 85
不适宜	有雨	＞ 30	＞ 85

七、落叶期

气象条件适宜性评价：根据表 4.1 所列指标，评价葡萄落叶期间气象条件的优劣。

霜冻预报：利用气象监测资料和中、短期天气预报，预测出现霜冻的日期。

八、越冬休眠期

气象条件适宜性评价：根据表 4.1 所列指标，评价葡萄越冬休眠期气象条件的优劣。

防寒埋土预报：利用气象监测资料和中、短期天气预报，预测 5 日滑动平均气温为 2℃的界限温度终止日期，即为葡萄越冬防寒埋土日期。

第三节　设施葡萄棚内最低气温预报和预警服务技术

通过对设施葡萄棚内外自动站的气象资料进行统计分析，得出设施葡萄棚内外在晴天、多云、阴天 3 种天气类型平均气温和最低气温变化特征。建立了晴天、多云、阴天 3 种天气类型下春季、夏季、秋季、冬季的平均气温和最低气温预报模型，并对预报模型进行均方根误差（RMSE）、相对误差（RE）检验，预报效果良好，可以应用到业务工作中。结合葡萄冻害观测资料，提炼出营口市葡萄萌芽期、新梢生长期的冻害气象服务指标。利用最低气温预报模型，开展设施葡萄萌芽期、新梢生长期和开花坐果期棚内最低气温预报和预警服务。

通过建立设施葡萄最低气温预报和预警服务技术，有利于健全葡萄精细化气象服务指标体系，为开展葡萄生产精细化气象服务提供保障，也使葡萄生产气象服务更加有针对性，有利于提高果农收入，为乡村振兴提供气象服务保障。

一、棚内平均气温预报模型

棚外气象因子对棚内气温有直接或间接影响。白天太阳辐射照进棚内，并通过对流等方式将热量散布在棚内；夜间存储在土壤的热量向四周辐散，弥补了棚内热量散失。李天来、林瑞坤等开展了日光温室地温及气温相关性方面的研究，通过对棚内地温和气温进行数据分析，得出二者相关性较为明显。这与张仁祖等对徐州地区日光温室的土壤温度与气温显著相关的研究成果相一致。因此，将棚内 10 cm 和 20 cm 地温作为预报因子引进。由表 4.8 中可知：晴天、多云和阴天 3 种天气类型下，棚内平均气温与棚外平均气温、最高气温和最低气温、日照和棚内的 10 cm 和 20 cm 地温显著相关，相关系数分别为 0.9869、0.9892、0.9794。

表 4.8　3 种天气类型棚内平均气温预报模型

天气类型	模型	样本数/个	相关系数（r）
晴天	Y=1.8396+0.4496 X_1−0.0369X_2+0.1234X_3+0.2005X_4+0.181X_5+0.2634X_6（其中 X_1 ~ X_6 分别为棚外站平均气温、最高气温、最低气温、日照，棚内站 10 cm 和 20 cm 地温）	266	0.9869
多云	Y=1.5435+0.1667X_1+0.1698X_2+0.0854X_3+0.2586X_4+0.1287X_5+0.2421X_6（其中 X_1 ~ X_6 分别代表棚内站 10 cm 和 20 cm 地温，棚外站日照、平均气温、最低和最高气温）	78	0.9892

续表

天气类型	模型	样本数/个	相关系数（r）
阴天	Y=3.3605−0.1519X_1+0.428X_2−0.5259X_3+0.2654X_4+0.2218X_5+0.1494X_6（其中 X_1 ~ X_6 分别代表棚内站 10 cm 和 20 cm 地温、棚外日照、平均气温、最高和最低气温）	59	0.9794

二、棚内最低气温预报模型

由表 4.9 得知：晴天，棚内最低气温与棚内平均气温、10 cm 和 20 cm 地温，棚外平均气温、最高和最低气温及日照相关性较好；多云天气，棚内最低气温与棚内平均气温、10 cm 和 20 cm 地温、棚外最高和最低气温及日照相关性较好；阴天，棚内最低气温与棚内平均气温、20 cm 地温、棚外最高和最低气温相关性较好。

表 4.10 建立了不同天气类型下的春、夏、秋、冬 4 个季节棚内最低气温预报模型。晴天天气类型下，棚内最低气温在春季与棚内前一日平均气温、10 cm 和 20 cm 地温及棚外平均气温、最高气温、最低气温和日照相关性较好；夏季与棚内前一日平均气温、10 cm 和 20 cm 地温、棚外最高气温、最低气温和日照相关性较好；秋季与棚内 10 cm 和 20 cm 地温及棚外平均气温、日照相关性较好；冬季与棚外最高气温、最低气温、平均气温，日照、棚内 10 cm 和 20 cm 地温及前一日平均气温相关性较好。多云天气类型下，棚内最低气温在春季与棚内平均气温、10 cm 和 20 cm 地温及棚外站日照、最低气温、最高气温相关性较好；

夏季与棚内 10 cm 地温、棚外最低和最高气温相关性较好；秋季与棚内平均气温、10 cm 和 20 cm 地温及棚外日照、最低和最高气温相关性较好；冬季与棚内平均气温、10 cm 和 20 cm 地温及棚外日照、最低和最高气温相关性较好。阴天天气类型下，棚内最低气温在春季与棚内前一日平均气温、10 cm 和 20 cm 地温及棚外站日照、最低和最高气温相关性较好；夏季与棚内 10 cm 地温及棚外最低和最高气温相关性较好；秋季与棚内平均气温、10 cm 和 20 cm 地温及棚外日照、最低和最高气温相关性较好；冬季与棚内平均气温、10 cm 和 20 cm 地温及棚外站日照、最低和最高气温相关性较好。

表 4.9　3 种天气类型棚内最低气温预报模型

天气类型	模型	样本数 / 个	相关系数（r）
晴天	$Y=-4.607+0.871649X_1+0.382065X_2-0.18711X_3+0.019609X_4-0.15655X_5+0.174476X_6-0.24808X_7$（其中 X_1 ~ X_7 分别为棚内站平均气温、10 cm 和 20 cm 地温，棚外站平均气温、最高、最低、日照）	266	0.9870
多云	$Y=-4.10275+1.038647X_1+0.129927X_2+0.09218X_3+0.128971X_4+0.308504X_5-0.44783X_6$（其中 X_1 ~ X_6 分别为棚内站平均气温、10 cm 和 20 cm 地温；棚外站日照、最高气温、最低气温）	78	0.9865
阴天	$Y=-2.78646+0.605148X_1+0.338655X_2-0.1593X_3+0.322905X_4$（其中 X_1 ~ X_4 分别为棚内站平均气温、20 cm 地温，棚外站最高和最低气温）	59	0.9848

表 4.10　4 个季节 3 种天气类型棚内最低气温预报模型

天气类型	模型	样本数 / 个	相关系数（r）
晴天	春季：Y=2.3098+0.4229X_1−0.1709X_2+0.5083X_3+0.2217X_4 （其中 X_1 ~ X_4 分别为棚外站平均气温、日照、棚内站 10 cm 和 20 cm 地温）	61	0.9806
	夏季：Y=0.176107+0.81246X_1−0.00552X_2+0.221512X_3+0.068736X_4 （其中 X_1 ~ X_4 分别为棚外站平均气温、日照，棚内站 10 cm 和 20 cm 地温）	22	0.9918
	秋季：Y=0.9842+0.5976X_1−0.1134X_2+0.0084X_3+0.5444X_4 （其中 X_1 ~ X_4 分别为棚外站平均气温、日照、棚内站 10 cm 和 20 cm 米地温）	79	0.9889
	冬季：Y=5.1604+0.1644X_1+0.01584X_2+0.04774X_3+0.3X_4−0.1951X_5+0.3106X_6+0.56556X_7 （其中 X_1 ~ X_7 分别为棚外站最高、最低、平均气温、日照，棚内站 10 cm 和 20 cm、平均气温）	104	0.9430
多云	春季：Y=3.2541+0.9964X_1−0.8878X_2+0.8061X_3+0.3176X_4+0.6803X_5−0.6489X_6 （其中 X_1 ~ X_6 分别为棚内站平均气温、10 cm 和 20 cm 地温，棚外站日照、最低和最高气温）	20	0.9878
	夏季：Y=−0.959921+1.0765X_1+0.2205X_2+0.1102X_3 （其中 X_1 ~ X_3 分别为棚内站 10 cm 地温、棚外站最低和最高气温）	4	1.0000

续表

天气类型	模型	样本数/个	相关系数（r）
	秋季：$Y=-4.5725+0.4685X_1+0.0623X_2+0.4567X_3+0.2817X_4+0.4644X_5-0.2619X_6$（其中 X_1 ~ X_6 分别为棚内站平均气温、10 cm 和 20 cm 地温，棚外站日照、最低和最高气温）	30	0.9878
	冬季：$Y=-8.3802+1.1544X_1+0.4282X_2-0.4277X_3+0.2341X_4+0.0039X_5-0.2451X_6$（其中 X_1 ~ X_6 分别为棚内站平均气温、10 cm 和 20 cm 地温，棚外站日照、最低和最高气温）	20	0.9582
阴天	春季：$Y=3.2541+0.9964X_1-0.8878X_2+0.8061X_3+0.3176X_4+0.6803X_5-0.6489X_6$（其中 X_1 ~ X_6 分别为棚内站平均气温、10 cm 和 20 cm 地温，棚外站日照、最低和最高气温）	12	0.9834
	夏季：$Y=-0.959921+1.0765X_1+0.2205X_2+0.1102X_3$（其中 X_1 ~ X_3 分别为棚内站 10 cm 地温、棚外站最低和最高气温）	2	1.0000
	秋季：$Y=-4.5725+0.4685X_1+0.0623X_2+0.4567X_3+0.2817X_4+0.4644X_5-0.2619X_6$（其中 X_1 ~ X_6 分别为棚内站平均气温、10 cm 和 20 cm 地温，棚外站日照、最低和最高气温）	32	0.9919
	冬季：$Y=-8.3802+1.1544X_1+0.4282X_2-0.4277X_3+0.2341X_4+0.0039X_5-0.2451X_6$（其中 X_1 ~ X_6 分别为棚内站平均气温、10 cm 和 20 cm 地温，棚外站日照、最低和最高气温）	12	0.8294

三、预报模型检验

晴天天气类型下，对棚内平均气温预报模型检验均方差根、平均相对误差分别为0.090232、5.04575E–14；对棚内最低气温预报模型检验均方差根、平均相对误差分别为0.090885、1.5847E–14。

多云天气类型下，对棚内平均气温预报模型检验均方差根、平均相对误差分别为0.139199、1.26179E–15；对棚内最低气温预报模型检验均方差根、平均相对误差分别为0.157321、2.26425E–15。

阴天天气类型下，对棚内平均气温预报模型检验均方差根、平均相对误差分别为0.183157、2.84638E–14；对棚内最低气温预报模型检验均方差根、平均相对误差分别为0.177534、6.0904E–14。

分析得出，棚内平均气温和最低气温预报模型表现为：晴天最好，多云次之，阴天最次，误差检验数据较小，因此，棚内最低气温预报表模型可用。

四、棚内葡萄冻害预警

有些学者开展了安徽设施农业、陕西苹果、新疆香梨霜冻灾害风险、葡萄栽培生产和气象服务指标等方面的研究，并取得一定成果。辽宁地区设施葡萄生产分为暖棚、桥棚、冷棚等。冷棚主要采用越冬埋土方法预防冻害发生，桥棚和暖棚主要采用覆盖二层膜方式和覆盖大棚防寒保温被预防冻害发生。根据葡萄冻害气象等级地方标准，营口市葡萄冻害主要发生在冬季和春季的萌芽期、新枝生长期和开花坐果期。根据天气预报结论，利用棚内最低气温预报模型，可以预报棚内最低气温，结合表4.2和表4.3中营口市葡萄冻害指标，对葡萄不同生育期发生冻害做出预警。

第四节　葡萄气候品质评价技术

辽宁省气候资源优越，非常适合葡萄种植，因此，葡萄成为辽宁省第三大水果，给农民带来的经济效益非常可观。辽宁省种植生产葡萄具有果穗大、果肉软硬适中、味甜多汁、风味极佳、可溶性固形物和可溶性总糖含量高等特点。葡萄的生长受地形、气候条件影响较大，同一品种在不同生产区域、同一生产区域在不同年份的葡萄气候品质也存在较大差异。研究表明，葡萄品质受品种遗传因素、生态环境（气候、土壤、水）、栽培技术等诸多因素的影响。品种遗传因素，生态环境中的水质、土壤是稳定少变的，年际间气象条件波动是造成葡萄品质波动的主要原因之一，因此，气候条件是葡萄品质优劣的主要关键因素。为提高葡萄市场竞争力和市场价值，开展葡萄品质评价，这与无公害、绿色有机等评价一样，是农产品畅销的“身份证”，能够提高果品的知名度，对于促进农作物标准化、规范化生产以及提高农民经济收入具有重要作用，对于区域特色经济发展具有重要意义。也有利于提升特色农业气象服务水平，促进特色作物生产健康发展。

一、研究方法

综合分析葡萄气候品质评价。营口经济技术开发区气象局通过对设施和露地种植的巨峰、阳光玫瑰葡萄两个品种各生育期进行观测，通过相关数据的收集、实地调查、果实化验数据和气象数据的统计分析，采用相关性分析、模糊数学和权重等技术方法，确定葡萄各生育期气象影响因子和适宜性指标，建立葡萄评价模型和各生育期评价指标，从而综合分析评价葡萄气候品质。

1. 建立因素集

将葡萄主要生育期划分为萌芽期、新梢生长期、开花坐果期、浆果生长期、果实成熟期等 5 个，作为评价相关因素见公式 4.3。

$$i=\{i1，i2，i3，i4，i5\} \tag{4.3}$$

式中：i 为因素集，代表评价因素；$i1$ 为萌芽期；$i2$ 为新梢生长期；$i3$ 为开花和坐果期；$i4$ 为浆果生长期；$i5$ 为果实成熟期。

2. 建立评判集

将气象条件对葡萄产量和品质影响程度划分为特优、优、良好、一般 4 个等级，建立评判集。

$$p=\{p1，p2，p3，p4\} \tag{4.4}$$

式中：p 为葡萄品质评价结果；$p1$ 为特优；$p2$ 为优；$p3$ 为良好；$p4$ 为一般。

3. 建立评判因子集

将葡萄每个生育阶段，根据不同影响气象要素因子，建立评判因子，形成评判因子集。整个葡萄生育期根据影响的不同气象要素因子共计 24 个。如开花和坐果期有平均气温、连续阴雨日数、平均风速、最高气温、日照 5 个气象要素因子。

$$k=\{k1，k2，k3，\cdots，k24\} \tag{4.5}$$

式中：k 为评判气象要素因子集，代表每个生育期的评判因子，共计 24 个。

4. 建立权重集

根据葡萄各生育期对品质影响大小不同，由农业专家将葡萄生育期进行打分，其中萌芽期占 10%、新梢生长期占 10%、开花坐果期占 20%、浆果生长期占 30%、果实成熟期占 30%，作为葡萄品质评分指标。

影响葡萄各生育期气象要素不尽相同，根据各气象要素因子对葡萄品质影响，建立气候因子最适宜、适宜、较适宜评价指标，专家给予不同权重系数，其中最适宜气候因子权重系数为 1.0、适宜气候因子权重系数为 0.8、较适宜气候因子权重系数为 0.6、低于较适宜的权重系数为 0。

$$a=\{a1, a2, a3, a4\} \tag{4.6}$$

式中：a 为权重集，代表各因子对葡萄各生育期的影响程度不同。

5. 建立因素集与评判因子的评价指标集

$$Cj\,k=\{Cji1\,k, Cji2\,k, Cji3\,k, Cji4\,k, Cji5\,k\} \tag{4.7}$$

式中：j 为各生育期气象因子影响指标；i 为 5 个生育期；k 为每个生育期影响气象要素因子，共计 24 个）；$Cj\,k$ 为葡萄生长每个生育期中不同气象因子对葡萄气候品质的影响程度，形成评价指标集。

$$C1\,k=\{i1\,k1, i1\,k2, i1\,k3\}\text{（葡萄萌芽期）} \tag{4.8}$$

$$C2\,k=\{i2\,k1, i2\,k2, i2\,k3, i2\,k4\}\text{（葡萄新梢生长期）} \tag{4.9}$$

$$C3\,k=\{i3\,k1, i3\,k2, i3\,k3, i3\,k4, i3\,k5\}\text{（葡萄开花坐果期）} \tag{4.10}$$

$$C4\,k=\{i4\,k1, i4\,k2, i4\,k3, i4\,k4, i4\,k5, i4\,k6, i4\,k7\}\text{（葡萄浆果生长期）} \tag{4.11}$$

$$C5\,k=\{i5\,k1, i5\,k2, i5\,k3, i5\,k4, i5\,k5\}\text{（葡萄果实成熟期）} \tag{4.12}$$

6. 建立综合评价模型

根据各生育期气象因子的影响程度，建立综合评价模型。

$$p=\sum_{i=1}^{5}\left(\sum_{j=1}^{k}ac_{jk}\right) \tag{4.13}$$

式中：p 为葡萄气候品质综合评分；i 为生育时期个数；k 为某生育时期内气象因子个数；a 为某一气候因子评分权重（1.0、0.8、0.6）；c_{jk} 为某一气候因子影响程度的评价指标集。

7. 葡萄气候评价等级

根据综合评价模型，计算葡萄气候品质评价得分，将葡萄品质评价进行等级划分（表 4.11），P 在 60 以下不对其气候品质等级进行评价。

表 4.11　葡萄气候品质等级划分

综合评分	葡萄气候品质评价等级
$90.0 \leqslant P \leqslant 100$	特优
$80.0 \leqslant P < 90.0$	优
$70.0 \leqslant P < 80.0$	良
$60.0 \leqslant P < 70.0$	一般

二、葡萄气候品质评价指标

1. 葡萄各生育期主要气象要素因子

通过葡萄物候期观测资料，经过葡萄种植技术专家和葡萄种植户认可，将葡萄主要生育期主要划分为萌芽期、新梢生长期、开花坐果期、浆果生长期、果实成熟期 5 个。按照葡萄物候期的时段，对国家基本观测站和农田小气候站的气象资料进行统计分析，结果表明，每个生育期气象要素因子对葡萄品质影响各不相同，通过相关性分析提炼出影响每个生育时期的主要气象要素因子 24 个，见表 4.12。

表 4.12　葡萄生育期主要气象要素因子

物候期	气象要素
萌芽期	平均气温 /℃
	极端最低气温 /℃
	日照时数 /h
新梢生长期	平均气温 /℃
	最低气温 /℃
	平均风速 /（m/s）
	日照时数 /h
开花坐果期	平均气温 /℃
	连续阴雨日数 /d
	平均风速 /（m/s）
	最高气温 /℃
	日照时数 /h
浆果生长期	平均气温 /℃
	最高气温 /℃
	最低气温 /℃
	连续阴雨日数 /d
	日照时数 /h

续表

物候期	气象要素
浆果生长期	平均风速 / (m/s)
	冰雹等灾害 / 次
果实成熟期	平均气温 /℃
	气温日较差 /℃
	连续阴雨日数 /d
	日照时数 /h
	冰雹等灾害 / 次

2. 葡萄各生育期气候品质评价因子及评分

将葡萄主要生育期分为萌芽期、新梢生长期、开花坐果期、浆果生长期、果实成熟期 5 个生育时期，每个生育时期又按照不同气候因子共 24 个气候因子分别评分。其中萌芽期、新梢生长期各占 10 分，开花坐果期占 20 分，浆果生长期和果实成熟期各占 30 分，按百分制评分（表 4.13）。

表 4.13　葡萄气候品质评价评分

一级指标	一级评分	二级指标	二级评分
萌芽期	10	平均气温 /℃	4
		极端最低气温 /℃	3
		日照时数 /h	3

续表

一级指标	一级评分	二级指标	二级评分
新梢生长期	10	平均气温 /℃	4
		最低气温 /℃	2
		平均风速 / (m/s)	2
		日照时数 /h	2
开花坐果期	20	平均气温 /℃	6
		连续阴雨日数 /d	5
		平均风速 / (m/s)	3
		最高气温 /℃	3
		日照时数 /h	3
浆果生长期	30	平均气温 /℃	6
		最高气温 /℃	5
		最低气温 /℃	4
		连续阴雨日数 /d	5
		日照时数 /h	4
		平均风速 / (m/s)	3
		冰雹等灾害 / 次	3
果实成熟期	30	平均气温 /℃	10
		气温日较差 /℃	6
		连续阴雨日数 /d	5
		日照时数 /h	5
		冰雹等灾害 / 次	4

3. 葡萄气候品质评价指标

利用鲅鱼圈区葡萄生育期气象服务指标、葡萄物候期观测资料，以及葡萄农业技术专家调研，建立鲅鱼圈区葡萄各生育期气象要素因子的最适宜、适宜、较适宜评价指标。

（1）萌芽期

平均气温（℃）：在［10，15］区间内最适宜，在［8，10）或（15，20］区间内适宜，在［6，8）区间内较适宜。

极端最低气温（℃）：在［6，8］区间内最适宜，在［4，6）或（8，10］区间内适宜，在［2，4）区间内较适宜。

日照时数（h）：在［190，210］区间内最适宜，在［170，190）或（210，230］区间内适宜，在［150，170）区间内较适宜。

（2）新梢生长期

平均气温（℃）：在［17，20］区间内最适宜，在［16，17）或（21，22］区间内适宜，在［15，16）区间内较适宜。

极端最低气温（℃）：在［11，15］区间内最适宜，在［5，11）区间内适宜，在［2，4）区间内较适宜，在低于0℃时不适宜。

平均风速（m/s）：在≤4 m/s最适宜，在［5，6）区间内适宜，在［6，7）区间内较适宜。

日照时数（h）：在≥250h最适宜，在［230，250）区间内适宜，在［210，230）区间内较适宜。

（3）开花坐果期

平均气温（℃）：在［20，24］区间内最适宜，在［18，20）或（24，26］区间内适宜，在［15，18）或（26，28］区间内较适宜。

极端最高气温（℃）：在［26，28］区间内最适宜，在［29，30）或［24，26）区间内适宜，在［22，24）区间内较适宜。

平均风速（m/s）：在≤ 4 m/s 最适宜，在［5，6）区间内适宜，在［6，7）区间内较适宜。

日照时数（h）：在≥ 160 h 最适宜，在［140，160）区间内适宜，在［130，140）区间内较适宜。

连阴雨天数（d）：无连阴雨最适宜，在［1，2］区间内适宜，在（2，3］区间内较适宜。

（4）浆果生长期

平均气温（℃）：在［23，26］区间内最适宜，在［20，23）或（26，28］区间内适宜，在［18，20）或（28，30］区间内较适宜。

极端最高气温（℃）：在［28，30］区间内最适宜，在［25，28）或（30，32］区间内适宜，在［20，25）区间内较适宜。

极端最低气温（℃）：在［19，20］区间内最适宜，在［17，19）或（20，22］区间内适宜，在［15，17）或（22，25］区间内较适宜。

连阴雨天数（d）：无连阴雨最适宜，在［1，2］区间内适宜，在［3，4］区间内较适宜。

日照时数（h）：在≥ 270 h 最适宜，在［250，270）区间内适宜，在［230，250）区间内较适宜。

平均风速（m/s）：在≤ 4 m/s 最适宜，在［5，6）区间内适宜，在［6，7）区间内较适宜。

冰雹等气象灾害（次）：无冰雹最适宜，1 次且冰雹随降随化适宜，2 次及以上不适宜。

（5）果实成熟期

平均气温（℃）：在［24，26］区间内最适宜，在［22，24）或（26，28］区间内适宜，在［20，22）或（28，30］区间内较适宜。

气温日较差（℃）：在［8，10］区间内最适宜，在［7，8）或（10，12］区间内适宜，在［6，7）区间内较适宜。

连阴雨天数（d）：无连阴雨最适宜，在［1，2］区间内适宜，在［3，4］区间内较适宜。

日照时数（h）：在≥ 260 h 最适宜，在［240，260）区间内适宜，在［220，240）区间内较适宜。

冰雹等气象灾害（次）：无冰雹最适宜，1 次且冰雹随降随化适宜，2 次及以上不适宜。

根据当年的气候条件和葡萄生长状况，结合指标集进行权重评分和综合评分。结合农业部鲜食葡萄的行业标准（NY/T 470—2001），包括果实外观指标、果实内在品质指标等，最终确定种植区葡萄气候品质评价等级。

三、葡萄气候品质评价技术成果应用

2021—2024 年，营口经济技术开发区气象局开展了《鲅鱼圈葡萄气候品质评价技术方法》科技成果业务试点应用工作。

1. 成果主要内容

建立一套适用于葡萄品质评价技术指标及葡萄生产精细化气象服务指标。该成果通过开展葡萄物候期观测，提炼出影响葡萄生产的气象因子，制作了葡萄气象服务工作历，研发了套袋、打药气象条件预报，开花期预报，成熟期预报等服务产品，有利于气象部门开展葡萄精细化气象服务，对农业生产有很好的指导作用。

该成果通过相关数据的收集、实地调查、果实化验数据和气象数据的统计分析，采用相关性分析、模糊数学和权重等技术方法，确定葡萄各生育期气象影响因子和适宜性指标，建立葡萄品质评价模型和各生育期评价指标，从而综合分析评价葡萄气候品质，有利于开展葡萄气候品质评价工作。

编写了农产品气候品质评价报告，编印了农产品气候品质评价证书，制作了农产品气候品质评价标志。开展了红旗镇葡萄气候品质评价，提高了葡萄的市场竞争力，在气象为农服务工作中取得了良好服务效果。

2. 应用情况

通过近 5 年成果应用，气象服务效果较好。主要通过开展葡萄物候期观测、气象资料统计分析，以及气象灾情调研和对葡萄品质影响评估等工作，开展了整个物候期的精细化服务，制作了葡萄气候品质评价报告，将品质评价报告应用到葡萄销售中，提高了葡萄市场价格，产生了一定的经济效益，同时也提高了葡萄市场竞争力。鲅鱼圈区红旗镇 2020 年被评为全国第十批“一村一品”示范镇，红旗镇葡萄获得“最受欢迎的农产品”和“最具影响力品牌”等荣誉称号。该技术在辽宁省营口市、锦州市、辽阳市和内蒙古通辽市进行了推广应用，成效较好。

3. 应用范围

辽宁省或其他省份有葡萄种植区域的气象部门应用了该技术成果，有利于开展葡萄生产精细化农业气象服务工作。

第五章 农业气象服务内容及气象服务效益评估

第一节　葡萄生产农业气象服务内容

一、服务原则

遵循准确、及时、有效、精细的原则。

二、服务时间

全年开展葡萄生产农业气象服务工作。

三、服务对象和方式

通过农村应急广播、手机短信、电话、传真、网络新媒体等多种服务方式，以数据、图形、文字等多种形式向各级党委政府、涉农部门以及从事葡萄种植的合作社、种植大户、家庭农场等新型经营主体进行产品发布。

四、服务效益评价与改进

每个年度结束后，及时开展服务效果回访和效益评估。听取服务对象对服务效果的反映和改进服务意见，依据 QX/T 181—2017 规定进行服务效益评价。根据服务评价结果，总结分析问题，改进服务措施，并对资料进行整理和存档。

第二节　气象服务效益评估

随着社会的发展，国民经济各行业对气象服务的要求越来越高，需求越来越大，气象服务在国民经济各行业中所产生的经济效益也越来越显著。气象服务效益评估工作能够深刻揭示气象与国民经济发展之间内在的关系，有助于各级政府对气象进行科学评价，有助于提高公众对气象工作重要性的认识，也有助于提升气象部门服务质量和水平。

一、定义

气象服务效益是利用可以满足用户需求的产品及手段，使用户在生产过程中发生于气象服务有关的效益，是气象服务活动的资源耗费与其产生的有效效果之间的比较。

$$B=f(C, E) \tag{5.1}$$

式中：B 为气象服务效益；C 为气象服务活动中的资源耗费；E 为与气象服务活动中资源耗费相对应的有效效果；f 为 C 与 E 进行比较的法则，即 B 与 C、E 之间的函数关系。

二、主要分类

1. 空间范围分类

宏观效益：指全局性、整体性，从整体和长远的角度来考虑其效益。

微观效益：主要是指从某一个具体的用户利益来考察的其效益，一般指企业、基层单位或某一个局部应用气象服务产品所产生的效益。

2. 内在功能分类

减损效益：指气象服务在减轻气象灾害所造成损失方面取得的效益。

增益效益：指气象服务在合理开发自然资源、保护生态平衡和利用有利气象条件为行业服务而产生的增产增收方面的效益。

3. 时间分类

近期效益：指人工影响局部天气，防雷减灾等立即见效的气象服务效益。

长远效益：指气候资源合理开发利用的气象服务效益。

4. 属性分类

气象服务效益主要包括社会效益、经济效益和生态效益 3 个方面。

社会效益是指气象服务在促进社会稳定和社会发展方面所产生的积极作用。

经济效益是指气象服务为国民经济各行业、企业或个人所带来收益或避免损失的货币化的价值。

生态效益是指气象服务为合理开发环境资源，改善和维护生态平衡，避免气候恶化、水土流失和沙漠化等方面所产生的积极作用或成果。

三、效益评估的作用

确定发展重点以便更好地调配有限资源；了解用户需求并发现能更好地满足这些需求的有效途径；从用户角度提出衡量

各类项目和业务系统的检验标准；找出用户与气象部门之间的敏感部，使社会影响最大化；预测不断变化的社会经济条件和用户需求，并提出适应途径；向投资方（政府、公众、企业）展示自身的价值。

四、效益评估的任务

确定气象服务效益评估值，比较气象部门与其他部门或国外同行业在资源利用上的效率，供政府部门在配置资源时参考，也可为用户在考虑是否接受气象服务时提供参考依据。

确定气象服务效益影响因素对效益值的影响度，以便气象部门提高气象服务的质量，用户提高消费气象服务产品的水平，从而达到共同提高气象服务效益的目的。

五、效益评估的基本方法

通过一定的方法，量化气象服务活动中的资源耗费 C 和与之对应的有效效果 E，或者是与 C、E 有关的参量；在既定比较法则的情况下求出气象服务的效益 B，并在此基础上，通过敏感性分析对影响气象服务效益的各因子进行影响度分析，最后评估出气象服务的效益值。气象服务效益评估的基本方法包括气象服务效益评估资料获取的基本方法、确定比较法则 f 的基本方法。

1. 气象服务效益评估资料获取的基本方法

主要有统计分析法、问卷调查法、专家小组法（德尔斐法）。

统计分析法是在有实际记录或相关资料的情况下，运用有关统计分析的方法提取所需数据的方法。资料来源主要包括气象有关统计资料、政府有关统计资料、气象服务单位有关财务报表和各种实测资料。

问卷调查法是指调查者运用统一设计的问卷，向被调查者了解有关情况来收集资料的方法，是一种间接的、标准的、书面化的调查方法。工作步骤包括设计调查问卷，选择和确定调查对象，发放调查问卷，回收和审查调查问卷，整理、分析调查问卷，撰写调查报告。

专家小组法（德尔斐法）是在有关领域内物色、确定专家名单，向专家提出明确的问题，请专家书面答复，专家之间采用保密方式；将各专家第一次判断意见集中起来列表，不写姓名，再分发给各位专家，请他们再参考别人的意见，修正或者肯定自己的判断，并书面反馈。专家们的意见几经反馈后通常对要求预测和评估问题的意见渐趋一致，这个意见即可作为预测和评估的基础。

2. 确定比较法则的基本方法

主要有比值法、扣除法和参量法。

比值法是设在某一具体时空范围内气象服务活动中的资源耗费为 C_i（$i=1, 2, \cdots, n$），取得的有效效果为 E_j（$j=1, 2, \cdots, m$），则气象服务效益见式（5.2）。

$$B_m=\frac{E_1+\cdots+E_m}{C_1+\cdots+C_n} \tag{5.2}$$

当 $n=m$ 时，气象服务效益也可以表示为式（5.3）。

$$B_n=\frac{(E_1-C_1)+\cdots+(E_n-C_n)}{C_1+\cdots+C_n} \tag{5.3}$$

扣除法评估出的效益值一般有量纲。与比值法相对应，扣除法定义的气象服务效益见式（5.4）。

$$B=(E_1+\cdots+E_m)-(C_1+\cdots+C_n) \tag{5.4}$$

参量法是根据具体时空范围内气象服务特点以及取得评估所需资料的可行性，将资源耗费 C 和有效效果 E，或者是两者之差 $(E-C)$，用另外一些参量表示成显函数形式，在评估的过程中，统计分析出这些参量的实际值，从而求出效益评估值的方法。参量法评估出的效益值一般有量纲，若结合比值法，可以消除量纲的影响。

六、农业气象服务效益评估主要步骤

1. 成立评估工作组

评估单位组织成立评估工作组，不少于 3 人。

2. 确定调查点

调查点宜为具有当地代表性农业生产的合作社或种植大户，按区域内农业面积确定调查点数量。

3. 选取调查对象

评估工作组选取调查对象，宜包括调查点的种植企业、合作社或种植大户等经营主体的生产管理员、技术员、农户代表等，不少于 3 人。

4. 开展调查点效益调查

调查对象应填写调查点农业气象服务效益调查表。

5. 计算调查点效益贡献率

当仅有一个调查点时，效益贡献率即为单个调查点效益贡献率；当有多个调查点时，效益贡献率为多个调查点效益贡献率的平均值。

6. 选取效益评分专家

评估工作组选取效益评分专家，包括农业、气象、生产、财务人员，不少于 5 人。

7. 开展效益评估

每位评估专家应填写农业气象服务效益评估表；评估表中农业气象服务效益贡献率分档方法，按 QX/T 181—2017 中规定执行。

8. 计算服务效益贡献率和服务效益

服务效益贡献率和服务效益要精确到小数点后一位。

附录 A　熊岳站近 30 年（1991—2020 年）降水月平均值和极值

要素	1月	2月	3月	4月	5月	6月	7月	8月	9月	10月	11月	12月	合计
平均降水量/mm	3.9	7.1	10.6	34.5	52.9	72.2	123.8	161.3	52.0	38.1	20.9	7.5	584.8
最多降水量/mm	20.3	23.3	53.3	138.5	177.4	219.0	314.5	379.1	138.8	120.1	53.1	22.0	
出现年份	2000	2020	2007	2012	2016	2012	2013	1994	2004	2003	2012	2012	
最少降水量/mm	0.0	0.0	0.0	4.9	2.4	6.9	22.8	6.9	10.9	2.2	1.6	0.0	
出现年份	1993 1999 2008 2019 2020	2008	2005	2014	2013	2017	1998	2014	2005	2020	2008	1996	

附录 B　熊岳站近 30 年（1991—2020 年）气温月平均值和极值

要素	1 月	2 月	3 月	4 月	5 月	6 月	7 月	8 月	9 月	10 月	11 月	12 月	平均
平均气温 /℃	−8.3	−3.9	3.0	11.3	17.8	22.1	25.0	24.2	18.8	11.2	2.6	−5.0	9.9
最高气温 /℃	−5.2	0.5	5.4	13.9	19.4	23.8	26.6	25.6	20.6	13.7	4.7	−1.8	
出现年份	2014	2007	2002	1994	2019	2000 2001	2017	1997	2017	1998	2014	1996	
最低气温 /℃	−13.2	−8.2	0.4	7.7	15.9	19.5	23.3	22.6	17	8.5	−1.3	−9.2	
出现年份	2000	2005	2010	2013	1995	1992	1995	1996	2011	2002	2002	2012	

参考文献

[1] 贺普超 . 葡萄学 [M]. 北京：中国农业出版社，1999.

[2] 孙立德 . 温室气象与作物保护研究 [M]. 沈阳：辽宁科学技术出版社，2014.

[3] 孙立德 . 农业气象服务手册 [M]. 沈阳：辽宁科学技术出版社，2012.

[4] 杨治元，王其松，应霄 . 222 种葡萄病虫害识别与防治 [M]. 北京：中国农业出版社，2017.

[5] 陈勇，刘勇，黄恒文 . 果树病虫害诊断与绿色防控原色生态图谱 [M]. 北京：中国农业出版社，2018.

[6] 刘淑芳，贺永明 . 葡萄科学施肥与病虫害防治 [M]. 北京：中国农业出版社，2017.

[7] 郭大龙 . 设施果树栽培 .[M]. 北京：科学出版社，2018.

[8] 段若溪，姜会飞 . 农业气象学 [M]. 北京：气象出版社，2008.

[9] 营口市气象局 . 营口市气象志 [M]. 北京：气象出版社，2020.